KB125275

과학사 밖으로 뛰쳐나온 **해양학자들**

천재들의 과학노트

캐서린 쿨렌 지음

양재삼(군산대학교 해양과학대학 학장) 옮김

천재들의 과학노트 ❺
해양학

© 캐서린 쿨렌, 2023

초판 1쇄 인쇄일 2023년 4월 7일
초판 1쇄 발행일 2023년 4월 14일

지은이 캐서린 쿨렌 **옮긴이** 양재삼
펴낸이 김지영 **펴낸곳** 지브레인Gbrain
편 집 김현주 **삽 화** 박기종
마케팅 조명구 **제작 · 관리** 김동영

출판등록 2001년 7월 3일 제2005-000022호
주소 04021 서울시 마포구 월드컵로 7길 88 2층
전화 (02)2648-7224 **팩스** (02)2654-7696

ISBN 978-89-5979-765-3(04450)
978-89-5979-769-1(SET)

• 책값은 뒷표지에 있습니다.
• 잘못된 책은 교환해 드립니다.

이 책을 먼 훗날 과학의 개척자들에게 바친다.

추천의 글

우리나라 대학 입시에 수학능력평가제도가 도입된 지도 벌써 10년이 넘었습니다. 그런데 우리나라의 수학능력평가는 제대로 된 방향으로 가고 있을까요?

제가 미국에서 교편을 잡고 있던 시절, 제 수업에는 수학이나 과학과 관련이 없는 전공과목을 공부하는 학생들이 많이 참가했습니다. 학기 첫 주부터 칠판에 수학 공식을 휘갈기면 여기저기에서 한숨 소리가 터져 나왔습니다. 하지만 학기 중반에 이르면 대부분의 학생들이 큰 어려움 없이 미분방정식까지 풀어 가며 강의를 잘 따라왔습니다. 나중에, 어떻게 그 짧은 시간에 수학 공부를 따라올 수 있었느냐고 물으면, 학생들의 대답은 한결같았습니다. 도서관에서 책을 빌려다가 독학을 했다는 것입니다. 이게 바로 수학능력입니다. 미국의 고등학생들은 대학에 진학해서 어떤 학문을 접하더라도 제대로 공부할 수 있는 능력만큼은 갖추고 대학에 진학합니다.

최근에 세상을 떠난 경영학의 세계적인 대가 피터 드러커 박사는 "21세기는 지식의 시대가 될 것이며, 지식의 시대에서는 배움의 끝이 없다"고 말했습니다. 21세기에서 가장 훌륭하게 적응할 수 있는 사람은 어떤 새로운 지식이라도 손쉽게 자기 것으로 만들 수 있고, 어떤 분야의 지식이든 소화할 수 있는 능력을 가진 사람일 것입니다.

이런 점에서 저는 최근 우리나라 대학들이 통합형 논술을 추진하고 있는 것이 매우 바람직한 일이라고 생각합니다. 학생들이 암기해 놓은 지식을 토해 놓는 기술만 습득하도록 하는 것이 아니라 여러 분야의 지식과 사고체계를 두루 갖춰 어떤 문제든 통합적으로 사고할 수 있도록 하자는 것이 통합형 논술입니다.

앞으로의 학생들이 과학 시대를 살아 갈 것인 만큼 통합형 논술에서 자연과학이 빠질 리 없다는 사실쯤은 쉽게 짐작할 수 있을 것입니다. 그런데 자연과학은 인문학 분야에 비해 준비된 학생과 그렇지 않은 학생의 차이가 확연하게 드러납니다. 입시에서 차이란 결국 이런 부분에서 나는 법입니다. 문과, 이과의 구분에 상관없이 이미 자연과학은 우리 학생들에게 필수적인 과정이 되어 가고 있습니다.

자연과학적 글쓰기가 다른 분야의 글쓰기와 분명하게 다른 또 하나의 차이점은 아마도 내용의 구체성일 것입니다. 구체적인 사례와 구체적인 내용이 결여된 과학적 글쓰기란 상상하기 어렵습니다. 이런 점에서 〈천재들의 과학노트〉 시리즈는 짜임새 있는 기획이 돋보이는 책입니다. 물리학, 화학, 생물학, 지구과학 등 우리에게 익숙한 자연과학 분야는 물론이고 천문 우주학, 대기과학, 해양학과 최근 중요한 분야로 떠오른 '과학 · 기술 · 사회' 분야까지 다양한 내용이 담겨 있습니다. 각 분야마다 10명의 과학자와 과학이론에 대해 기술해 놓았으니 시리즈를 모두 읽고 나면 적어도 80여 가지의 과학 분야에 대한 풍부한 지식을 얻을 수 있는 것입니다.

기본적인 자연과학의 소양을 갖춘 사람이 진정한 교양인으로서 인정받는 시대가 오고 있습니다. 〈천재들의 과학노트〉 시리즈가 새로운 문화시대를 여는 길잡이가 되리라고 확신합니다.

이화여대 에코과학부 교수 최재천

이 시리즈를 펴내며

과학의 개척자들은 남들이 생각지 못한 아이디어로 새로운 연구를 시작한 사람들이다. 그들은 실패의 위험과 학계의 비난을 무릅쓰고 과학 탐구를 위한 새로운 길을 열었다. 그들의 성장 배경은 다양하다. 어떤 사람은 중학교 이상의 교육을 받은 적이 없었으며, 어떤 사람은 여러 개의 박사 학위를 받기도 했다. 집안이 부유하여 아무런 걱정 없이 연구에 진념할 수 있었던 사람이 있는가 하면, 어떤 이는 너무나 가난해서 영양실조를 앓기도 하고 연구실은커녕 편히 쉴 집조차 없는 어려움을 겪기도 했다. 성격 또한 다양해서, 어떤 사람은 명랑했고, 어떤 사람은 점잖았으며, 어떤 사람은 고집스러웠다. 그러나 그들은 하나같이 지식과 학문을 추구하기 위한 희생을 아끼지 않았고, 과학 연구를 위해 많은 시간을 투자했으며, 자신의 능력을 모두 쏟아 부었다. 자연을 이해하고 싶다는 욕망은 그들이 어려움을 겪을 때 앞으로 나아갈 수 있는 원동력이 되었으며, 그들의 헌신적인 노력으로 인해 과학은 발전할 수 있었다.

이 시리즈는 생물학, 화학, 지구과학, 해양과학, 물리학, STS(Science, Technology & Society), 우주와 천문학, 기상과 기후 등 여덟 권으로 구성되었다. 각 권에는 그 분야에서 선구적인 업적을 이룬 과학자 열 명의 과학 이론과 삶에 대한 이야기가 담겨 있다. 여기에는 그들의 어린 시절, 어떻게 과학에 뛰어들게 되었는지에 대한 설명, 그리고 그들의 연구와 과학적 발견, 업적을 충분히 이해할 수 있도록 하는 과학에 대한 배경지식 등이 포함되어 있다.

이 시리즈는 적절한 수준에서 선구적인 과학자들에 대한 사실적인 정보를 제공하기 위해 기획되었다. 이 시리즈를 통해 독자들이 위대한 성취를 이루고자 하는 동기를 얻고, 과학 발전을 이룬 사람들과 연결되어 있다는 유대감을 가지며, 스스로 사회에 긍정적인 영향을 미칠 수 있는 사람이라는 사실을 깨닫게 되기를 바란다.

지구는 표면의 71퍼센트를 덮고 있는 바다 때문에 '푸른 행성'이라는 별명을 가지고 있다.

지금은 육지에도 생물이 살고 있지만, 5억 년 전까지만 해도 지구상의 모든 생명체는 바다에서만 살 수 있었다. 하지만 육지에 생물이 살게 된 지금도, 지구와 지구에 살고 있는 모든 생물의 운명은 바다에 달려 있다. 수천만 년 동안 바다는 지구의 기후와 날씨에 영향을 끼쳤을 뿐만 아니라 원시시대부터 인류는 바다에 의존하여 살아왔다. 우리의 조상들이 과거 원시시대부터 해안가에서 주운 조개로 생명을 이어 갔듯이, 바다는 인류에게 풍부한 먹을거리를 제공해 왔다.

시간이 지나고 문명이 발달하면서 사람들은 배를 타고 낚시를 할 뿐만 아니라 수영과 스쿠버 다이빙을 즐기는 등 다양하게 바다를 이용하고 있다. 하지만 넓고 깊은 대양을 횡단하거나 심해의 광물 자원을 개발하기 위한 기술은 최근에 와서야 개발되기 시작했다.

바다는 경제적으로 매우 큰 가치를 지닌 자원의 보고이며, 인간은 다양한 방법으로 바다를 이용한다. 그리고 과학자들은 바다를 연구함으로써 생명 창조와 진화에 대한 아이디어를 얻고 있다. 또한 바다 연구를 통해 지구가 어떻게 현재의 모습을 갖게 되었는지에 대한 비밀도 풀어 나가고 있다.

해양학 연구의 초기에는 배 뒤에 그물을 달고 끌든지, 줄에 매단 양동이로 해저 바닥의 개흙을 수집하는 식의 원시적인 방법이 동원되었다. 1700년대 초기에는 배 위에서 호흡하는 데 필요한 공기를 불어 넣어 주는 잠수용 종bell 속에 사람이 들어가는 방법으로 아주 좁은 거리나마 바다 밑을 걸어 다닐 수 있었다. 그로부터 100년 뒤에 잠수복이 개발되기는 했지만 여전히 공기 호스가 바다 위로 연결되어 있었기 때문에 바다 밑을 걸어 다니기에는 매우 불편했다.

스쿠버 장비가 개발된 것은 1940년대의 일이었다. 이때부터는 배와 호스로 연결될 필요가 없었기 때문에 안전한 수심 내에서 잠수부는 수평 또는 수직 운동을 자유롭게 할 수 있었다. 하지만 수심에 따라 수압이 증가하므로 일반인이 내려갈 수 있는 수심은 고작 30미터에 불과했다. 이후로 잠수구나 잠수정 같은 장비들이 개발되면서 훨씬 깊은 곳까지 잠수하게 되었고, 이전에는 볼 수 없었던 형형색색의 다양한 수중 생물을 관찰할 수 있게 되었다.

오늘날 과학자들은 안전하게 모선에 앉아서 비디오 게임을 하듯 심해저에 내려 보낸 로봇을 조이스틱으로 원격조종하면서 실시간으로 수중 장면을 관찰하고, 로봇에 달린 기계 팔을 이용하여 수 킬로미터 해저 바닥의 개흙을 수집할 수 있을 정도로 기술을 발전시켰다. 뿐만 아니라 수중 음향 장비로 해저면의 상세한 지형을 그릴 수도 있게 되었고, 우주에서 찍은 위성사진으로 해양의 거대한 형태를 손바닥처럼 훤히 볼 수 있게 되었다.

해양학은 바다와 관련된 모든 과학 분야를 망라하고 있다.

해양생물학은 바다에서 살고 있는 생물을 다룬다. 해양생물학자들은 수온과 빛에 따른 다양한 생물의 분포를 연구하며, 해양화학자들은 바닷물에 녹아 있는 소금의 양을 측정하며 미량의 가스를 분석한다. 한편 건설회사는 도로공사에 필요한 자갈과 모래를 바다에서 얻기 위해 해양지질학자의 도움을 받으며, 해양물리학자는 해류와 조류의 이동 방향을 조사하여 선박을 운항하는 사람들에게 도움을 주고 있다. 해양이 기후와 날씨에 큰 영향을 미치기에, 기상학자들은 엘니뇨와 같은 기상 이변을 예측하거나 대기의 순환 패턴을 이해하기 위해 반드시 해양학을 공부해야 하고 해양의 물리적인 특성을 잘 이해하고 있어야 한다.

해군은 원래 군사적인 목적과, 해군 함정이 안전하게 항해할 수 있도록 하기 위해 해양과 연안에 관한 조사를 했다. 물론 군사적인 목적뿐만 아니라, 심해에서 새로운 먹을거리를 찾거나 광물, 원유를 개발하기 위해 각 나라는 노력을 기울이고 있다.

박물학자들이 순수하게 과학적 목적을 갖고 해양 생물을 연구하기 시작한 것은 19세기의 일이다. 이렇듯 해양학은 몇몇 박물학자들의 단순한 호기심에서 출발했다. 그리고 대서양을 가로지르는 해저 통신선을 설치하기 위해 해저 지형에 대한 상세한 지식이 필요해지면서 해양학은 폭발적인 발전을 이루었다. 이후로 해양 연구를 위한 기술은 점차 발전을 거듭했고, 해양에 대한 지식 또한 쌓여 갔다. 이런 과정에서 예상치 못한 발견을 하기도 했다. 이러한 발견은 유전학이나 생물공학과 같은 다른 과학 분야의 발전에도 크게 기여했다.

스코틀랜드 출신의 박물학자 와이빌 톰슨 경은 1872년부터 1876년까지 영국 왕실 선박인 챌린저호를 타고 전 세계의 바다를 탐사했다. 이 챌린저 탐사는 순수하게 학문적인 목적으로 행해진 세계 최초의 대규모 탐사였다. 이 기간 동안 전 세계 바다에 걸친 엄청난 양의 생물, 화학, 지질학적 자료가 수집되었고, 수천 종에 이르는 새로운 생물의 종을 발견하였으며, 해양학은 새로운 과학 분야로 우뚝 서게 되었다. 이 탐사 기간에도 조사되지 않고 유일하게 남아 있던 북극해는 이후 노르웨이 탐험가 프리요프 난센에 의하여 최초로 탐사되었다. 1888년 그린란드를 걸어서 관통함으로써 전 세계의 주목을 받은 그는, 1895년 당시로서는 북극점에 가장 가깝게 다가간 사람이었다. 그가 북극해를 탐험하는 동안 수집한 자료는 생물학자, 해양학자, 기상학자들에게는 너무나도 소중한 현장 연구 자료가 되었다.

앞서 언급했듯이, 과거에는 심해의 해저 바닥을 연구하기 위해서 드렛지나 트롤같이 직접 그물을 바다 바닥에 내려 배로 끄는 식의 원시적인 방법밖에 없었기 때문에, 사람들은 항상 해저 바닥을 직접 보고 싶다는 욕구에 사로잡혀 있었다. 1930년대 초반, 미국의 동물학자 윌리엄 비브는 모선과 강철 와이어로 연결된 잠수구 속에 들어가 심해로 직접 잠수했다. 이로써 그는 심해의 해양 생물을 관찰한 최초의 사람이 되었다.

바다에 관한 지식이 점차 쌓이면서 과학자들은 해양 자체를 이해하고 해양 환경을 건강하게 유지하기 위하여 물리학, 화학, 생물학을 해양학에 도입해야 한다는 사실을 깨달았다. 헨리 비글로는 일생을 통해 해양학을 전공하는 후학들에게 이 점을 강조했다. 20세기 초반, 미국의 동물학자 에브렛 져스트는 해양 무척추동물을 모델로 삼아 난자가 성장하는 과정에 대한 선구적인 연구를 했다. 해양지질학자 해리 해먼드 헤스는 대서양이나 태평양과 같은 대양이 해양의 바닥이 좌우로 갈라져서 생겼다는 '해양저확장설'을 주장했고, 오늘날 그의 아이디어는 금세기 최고의 발견인 '판구조론'을 이루는 핵심이 되었다.

해양 개발에 관한 기술이 발전함에 따라 해저 연구에 대한 새로운 분야가 생겨나기 시작했다. 프랑스 사람 자크 쿠스토는 스쿠버 장비를 개발하여 수중에서 잠수부가 자유롭게 행동할 수 있도록 했고, 수중 촬영 기술을 개발하여 일반 대중에게 아름다운 수중 생물의 생생한 사진을 보여 줄 수 있었다. 쿠스토와 비브는 수많은 사람들이 해양에 관심을 갖게 만드는 계기를 마련했고, 젊은 해양학자들에게 꿈을 심어 주었다.

젊은 해양학자들이 품었던 꿈은 여성 어류학자 유지니 클라크에 의해 실현되었다. 그녀는 상어의 행동을 학문적으로 연구한 최초의 학자였고, 후에 세계에서 가장 권위 있는 어류학자가 되었다. 실비아 얼은 어릴 적부터 꿈꾸어 왔던 대로 해양의 조류, 생태, 고래 그리고 인간의 수중 생활에 대한 연구를 했다. 그녀는 해양 환경을 건강하게 유지하는 것이 얼마나 중요한 일인지 알리기 위해 자신의 연구 결과를 전문 학술지에 발표했을 뿐만 아니라, 일반대중을 위하여 글을 쓰고 TV에 출연하는 것을 꺼리지 않았다. 심해 탐사 기술이 더욱 발전함에 따라, 로버트 발라드는 삭막한 사막과 같은 해저 바닥에서 오아시스를 발견할 수 있게 되었고, 대양저산맥을 발견할 수 있었으며, 이를 통하여 지구와 그 속에 살고 있는 생명체들의 진화 과정을 이해하는 데 큰 도움을 주었다.

해양이 생성되는 과정을 연구하는 데서 출발하여 놀라운 생명체들을 발견하는 과정에 이르기까지, 해양학자들은 우리의 푸른 행성의 역사와 심해에 감추어진 놀라운 비밀을 파헤치고 있다. 해양학의 특성상 연구를 수행하고 자료를 수집하는 일은 그 자체가 매우 복잡하고 어렵다. 하지만 해양학자들은 목숨을 걸어야 하는 위험에도 굴하지 않으며, 스스로 '과학의 개척자'임에 큰 자부심을 가지고 있다.

차례

와이빌 톰슨을 통해
우리는 미지의 심해
생물과 만날 수 있었다.

미지의 세계에 닻을 내린 여행자

와이빌 톰슨

세계 최초의 해양과학 탐사단장

19세기 중반까지 심해에 관하여 알려진 것은 별로 없었다. 그 당시 사람들은 얕은 바닷가에 사는 조개나 게와 같은 해양 생물에 대해서는 관찰과 연구를 할 수 있었지만, 지구 표면의 70퍼센트 이상을 차지하는 심해에 대해서는 아는 것이 전혀 없었다.

'바다는 얼마나 깊을까? 끝도 없이 깊은 심해의 바닥에는 무엇이 살까? 그곳에 정말 생물이 살기는 하는 걸까? 바다는 왜 한시도 가만히 있지 않을까?'

인류의 발길이 전혀 닿지 않은 미지의 세계에 강한 호기심을 느낀 스코틀랜드 출신의 박물학자인 와이빌 톰슨은 해양에 관한 자료를 하나둘 모으기 시작했다. 그리고 드디어 그는 세계 최초의 해양 탐사단장이 되었다. 그의 탐험에는 영국 왕실에서 지원한 선박, 챌린저호가 함께했다.

박물학　동물학, 식물학, 광물학, 지질학을 통틀어 이르는 말. 본디 천연물 전체에 걸친 지식의 기재를 목적으로 하는 학문이다.

톰슨은 심해에는 생물이 살고 있지 않다는, 당시 사람들의 생각이 틀렸다고 믿었다. 그리고 미지의 세계에 닻을 내린 그는 해양 생물에 관한 수많은 시료를 확보했으며, 엄청난 양의 해양학적 자료가 수집되었다. 이로 인해 바다에 관한 물리학, 화학, 생물학적인 부분을 총망라하는 해양학이라는 새로운 학문이 생겨날 수 있는 토대가 마련되었다.

심해로
GO!!
웁!
우오오오~
?

다양한 학문적 경력

찰스 와이빌 톰슨은 1830년 3월 5일 스코틀랜드의 작은 마을에서 외과의사인 앤드류 톰슨의 아들로 태어났다. 그는 다른 아이들보다 어린 나이에 중고등학교 과정을 마쳤고, 겨우 열여섯 살에 의과대학에 입학하였으며, 또한 왕립물리학회에서 시간제 서기로 근무했다. 당시만 해도 물리학은 오늘날처럼 학문이 세분화되기 전이었기 때문에 지구와 관련된 생물, 물리, 화학, 지질 현상을 연구하는 자연과학의 모든 분야를 다루고 있었다. 하지만 3년 후 그는 건강이 나빠져 일을 중단할 수밖에 없었다. 1853년 제인 레미지 도슨과 결혼했고, 그들 사이에서 태어난 아들 프랭크는 나중에 그의 할아버지와 같은 외과의사가 되었다.

톰슨은 다양한 분야의 학문을 접할 수 있었다. 그는 1851년 스코틀랜드의 에버딘 대학교에서 식물학 강사로 일했지만, 1853년에는 북아일랜드의 퀸스칼리지 대학에서 자연과학 교수로 근무했다. 그다음 해에 벨파스트로 이사한 후에는 퀸스칼리지 대학의 지질학과 교수가 되었고, 다시 **무척추** 해양 생물학 교수로 일했으며, 1860년에는 동물학과 식물학 담당 교수가 되었다.

톰슨은 1865년 왕립학회에 〈안트르돈의 **배** 발생학에 관하여〉라는 기념비적인 논문을 발표했다. 1868년 그는 다시 더블린의 왕립과학대학의 식물학과 교수로 자리를 옮겼으며, 1870년에는 에딘버러 대학에 정착하여 자연과학 담당 교수가 되었다.

무척추동물 척추동물 이외의 모든 동물을 통틀어 이르는 말. 척추를 갖고 있지 않으며 진화가 늦고 원시적이며 하등한 동물들로, 원생동물에서부터 극피동물까지를 말한다. 예를 들면 사람이나 개 혹은 고등어는 척추동물인 반면 성게, 말미잘과 같은 동물은 무척추동물이다.

배胚 1. 발생 초기의 어린 생물. 다세포 동물의 경우에는 난할을 시작하고 난 이후의 발생기에 있는 개체. 2. 수정란이 어느 정도 발달한 어린 포자체.

교육자로서 톰슨은 매우 인기가 있었다. 그는 강의 노트 없이 정열적으로 강의했고, 수업시간에 학생들에게 막대 사탕을 나누어 주는 교수로 유명했다.

무생물대에 살고 있는 생물들

1800년 중반까지 심해와 심해에 살고 있는 생물에 관해 알려진 것이라고는 아무것도 없었다. 하지만 1850년에서 1860년 사이에 무선 회사들이 대서양 바닥에 통신용 케이블을 설치하면서 해양학에도 새로운 전기가 마련되었다. 해저 바닥이 얼마나 깊은지, 해저 바닥은 무엇으로 구성되어 있는지 등 해저에 대한 지식이 필요하게 된 것이다.

반면에 생물학자들은 심해에 관한 지식 그 자체에 매료되었다. 심해의 기온이 매우 낮고 어두우며 수압이 높다는 사실 때문에 스코틀랜드 출신의 박물학자인 에드워드 포브스는 수심 300**페텀**Fathom 이하의 바다는 생물이 살지 않는 무생물대라고 주장했다.

1866년, 크리스티아나(현재 노르웨이의 수도인 오슬로)를 향해 항해하던 배의 갑판 위에서 톰슨은 죽어서 떠내려 오고 있는 생물체를 보고 불현듯 생각했다.

'어쩌면 저 깊은 바다 속에도 생물이 살고 있지 않을까?'

그의 생각은 점점 더 깊어졌다.

'만약 그렇다면 어떻게 먹이를 얻을까? 저토록 혹독한 환경에서 동물이 살아남기 위해서는 어떤 방법으로 적응을 하는 걸까?'

그는 심해의 감추어진 곳에서 살아 있는 화석이 발견된다면 생물의 진화 과정을 설명하는 데 큰 의미가 있을 것이라고 생각했다. 무생물대라고 알려진 심해에 관한 톰슨의 궁금증은 점점 커져만 갔다.

마침 런던 대학의 벤자민 카펜터 교수도 같은 의문을 품고 있었다. 카펜터 교수는 저명한 학술단체인 런던 왕립학회의 부회장이었다. 의기투합한 톰슨과 카펜터는 왕립학회의 이름을 내세워 **드렛지**dredging 작업을 할 때 영국 해군 본부가 지원해 주기를 요청했다. 드렛지란 해저 바닥의 생물을 채집하기 위해 배에서 그물망을 해저 바닥으

페텀 바다의 깊이나 측심줄의 길이 등을 재는 데 쓰는 단위. 1페텀은 1.83미터.

드렛지 형망틀에 갈고리를 붙여 끌면서 뒤의 그물 속으로 해저 생물을 채취하는 장치.

로 내려 여러 가지를 끌어 모으는 장치다. 해군 본부는 증기선 라이트닝Lightning 호를 사용할 수 있도록 허가해 주었다.

1868년, 드디어 톰슨과 카펜터는 300페텀 이하의 해저 바닥에서 해양 생물을 채집하는 데 성공했다. 그리고 심해의 수온이 이전에 믿어 왔던 대로 4°C로 일정하다는 사실도 확인했다.

톰슨과 카펜터가 어느 정도의 성과를 올리자 해군 본부는 더욱 큰 관심을 보이며 연구와 조사에 필요한 선박을 지원해 주었다. 톰슨은 존 그윈 제프리와 함께 왕실 선박인 포큐파인Porcupine 호를 이용하여 아일랜드와 쉐틀랜드 서해안에서 수온을 측정하고 드렛지 작업을 계속하면서 해수 샘플을 분석했다. 이 조사를 통해 놀랍게도 2,400페텀 수심의 해저에도 해양 생물이 풍부하게 살고 있다는 증거들이 나타났다. 대부분의 생물이 당시까지 세상에 알려지지 않은 새로운 종이었다. 이미 과거에 멸종했다고 믿었던 생물의 화석과 유사한 형태를 보이는 생물들도 채집할 수 있었다. 포큐파인 호의 조사 결과를 보고 받은 왕립학회는 톰슨을 특별회원으로 선출했다.

1873년, 톰슨은 라이트닝 호와 포큐파인 호의 조사를 통해 얻은 결과를 〈심해〉라는 논문으로 정리해 학회에서 발표했다. 그의 발표에 의하면 심해에는 생물이 살고 있을 뿐만 아니라 동일한 수심에서도 지역에 따라 수온이 달랐다. 톰슨의 발표로 인해 해양에 대한 일반인들의 관심이 증폭되었고, 그는 해양에 관한 화학, 지질, 물리, 생물 분야를 아우르는 자신의 조사 계획에 해군성과 왕립학회가 지원해 줄 것을 요청했다. 톰슨의 연구에는 수백 군데 해양에서의 수심 측량, 다양한 수심에서의 수온 측정, 해류 관측, 해저면 퇴적물 채취 그리고 무엇보다도 중요한, 심해에 서식하는 생물을 채집하려는 계획 등이 포함되어 있었다.

챌린저 해양 탐사 계획

톰슨의 계획은 받아들여졌다. 하지만 영국 정부는 이 어마어마한 탐사 계획을 수행하고 모든 보고서를 마무리하는 데 필요한 비용이 최소한 20만 파운드 이상, 그러니까 현대의 물가를 기준으로 환산하면 1,000만 달러(우리 돈 100억 원)를 넘어설 것이라는 사실을 전혀 모르고 있었다.

영국 해군 본부는 코르벳(소형 쾌속 경무장 선박) 타입의 증기 목선인 챌린저Challenger 호와 이 배를 움직이는 데 필요한 225명의 선원을 배치했다. 선장으로는 노련한 해군 장교인 조지 스트롱 네어져가 임명되었다. 후에 그는 기사 작위를 수여받는다.

챌린저 호의 출항을 준비하는 데만도 18개월이라는 시간이 걸렸다. 갑판에 있던 대포와 같은 무기를 없앤 대신 실험실을 비롯한 과학자들의 거처가 마련되었다. 그리고 드렛지를 위한 시료 채취 팀이 따로 꾸려졌고, 챌린저 탐사 과정 동안 수집할 샘플과 표본을 보관하기 위하여 커다란 창고 시설도 만들었다.

1872년 12월, 챌린저 호가 포츠머스 항을 출발한 뒤에 조사를 마치고 다시 돌아오는 데는 꼬박 41개월이 걸렸다. 이 탐사에는 톰슨과 5명의 동료 학자들이 동행했다. 이들은 스코틀랜드 화학자 존 영 부캐넌, 영국인 동물학자 헨리 노티지 모슬리, 스코틀랜드 출신의 캐나다인 동물학자이자 훗날 유명한 해양학자가 된 존 머레이, 독일인 동물학자 루돌프 폰 빌리모스-슘과 스위스인 미술가 장 자크 월이었다.

1876년 5월 귀항할 때까지 챌린저 호는 총 68,890**해리**를 항해했으며, 그동안 모두 362개 지역에서 조사를 실시했다. 또한 선원들은 92곳에서 심해의 수심을 측량했고, 133개의 장소에서 드렛지를 했으며, 버뮤다, 할리팍스, 케이프, 시드니, 홍콩, 일본 등지에서 수많은 샘플을 에딘버러로 따로 보냈다. 챌린저 호는 모두 합쳐 563개 지역에서 조사를 진행했고, 2,270개의 대형 유리병과 1,794개의 소형 유리병, 1,860개의 유리 튜브 그리고 176개의 주석 상자에 해양 생물의 시료를 알코올에 담아 보관했다. 여기에 더하여 189개의 주석 상자에 담긴 건조된 시료와 해수에 담근 샘플 22통도 있었다. 놀랍게도 이 가운데 파손된 유리병은 4개밖에 없었고, 썩어서 못 쓰게 된 표본은 단 하나도 없었다. 하지만 이처럼 놀라운 성과를 얻는 데에는 10명의 선원이 목숨을 잃는 비극이 뒤따랐다.

해리 거리의 단위. 바다 위나 공중에서 긴 거리를 나타낼 때 쓴다. 1해리는 1,852미터에 해당하나 나라마다 약간의 차이를 보인다. 배의 속도를 표시할 때는 1해리를 1시간에 주행하면 이 배의 속도는 1노트knot가 된다.

2~3일마다 챌린저 호는 새로운 조사 지역에 도착했고 수많은

챌린저 호는 증기 엔진을 가지고 있었지만 주로 돛대로 바람을 이용하여 항해했다.

자료를 모았다. 선원들은 자기장, 항해 및 천문학과 관련한 자료를 수집했으며, 표층해류의 방향과 속도를 지속적으로 관찰하고 기록했다. 또한 계속해서 바다의 깊이를 측량했으며, **아표층해류**의 존재를 규명하기 위한 조사를 실시했다.

아표층해류 해양표층의 아래 수심에 나타나는 해류.

수심은 양동이에 무거운 추를 가득 채워 바다 밑바닥까지 내린 뒤에 사용된 끈의 길이를 재는 방식으로 측량했으며, 이 장치가 해양 바닥에 닿을 때 컵과 같이 생긴 부분이 해저면에서 한 움큼의 개흙을 떠올리면, 이를 배 위에서 분석했다. 해저면의 수온은 기록 장치가 있는 온도계를 사용하여 측정했으며, 표층 수온도 함께 기록했다. 수심이 각각 다른 곳의 해수를 퍼 올려 분석하기도 했다. 드렛지는 해저면의 해양 생물을 채취하기 위한 용도로 활동되었고, 대양의 중층수심에 살고 있는 플랑크톤의 분포를 파악하기 위해 플랑크톤 네트가 사용되기도 했다.

탐사 초기에 톰슨을 비롯한 과학자, 선원들은 드렛지 작업을 통해 해저에서 갑판으로 난생처음 보는 희귀한 생물들을 끌어 올릴 때마다 흥분을 감추지 못했지만, 이러한 일이 계속해서 반복되다 보니 점점 지루함에 지쳐 갔다. 한 장소에서 샘플을 뜨기 위해 장비를 해저면으로 내려 보내기 위해서는 적어도 한 시간 이상이 필요했고, 다시 선상으로 끌어 올리는 데에도 여러 시간이 소요되었다. 시료 채취에 실패하는 경우도 상당히 많아서 같은 작업을 여러 번 반복해야 하기도 했다. 이처럼 단조로운 작업이 사람들을 더욱 지치게 만들었다. 3년 6개월에 달하는 항해 기간 동안, 항구에 도착할 때마다 이 같은 작업 환경을 버티지 못하고 떠난 선원이 모두 61명이었다. 망망대해에서 샘플을 채취하는 작업은 매우 단조롭고 지루했지만, 자료를 일관된 방법으로 수집하는 것이 가장 중요한 사항이었기에 어쩔 수 없는 일이었다.

하지만 탐사를 통해서 얻은 자료의 가치는 감히 말로 표현할 수 없을 정도였다. 사실상 모든 대양이 한 가지 통일된 방법에 의해 조사된 것은 처음이었다. 따라서 이제 대서양과 태평양, 인도양의 차이에 대해서 비교하는 것이 가능해진 것이다. 혹독한 환경 속에서 41개월 동안 싸워 온 챌린저 호는 이로써 엄청난 대가를 얻은 것이다.

챌린저 호의 탐사를 통해 4,717**종**과 715**속**의 새로운 생물이 발견되었다. 또한 다양한 수심에서 모든 무척추동물**강**에 속하면서도 여러 가지 형태로 바뀐 생물도 채집되었다. 드렛지를 했던 가장 깊은 수심인 5.7킬로미터의 심해를 포함하여 4.5킬로미터 이상의 깊이에서 25번의 드렛지를 하여 수많은 샘플을 채집했다. 또한 대양해류의 방향과 속도를 관찰하고 기록하여 귀중한 자료를 얻기도 했다. 해저 퇴적물을 분석함으로써 **대양저**의 형성 과정을 밝히는 기틀을 마련했으며, 아표층해류가 존재한다는 귀중한 사실도 발견할 수 있었다. 대양저의 2,000페텀약 4킬로미터 이하의 수심에서는 공통적으로 **적점토**가 출현한다는 사실도 알아냈고, 표층 해수에 살던 유공충과 방산충이 죽어 남긴 유해가 해저면에 쌓여 생긴 원양성 규질 혹은 석회질**연니**를 발견하기도 했다.

종 생물 분류의 기초 단위. 속屬의 아래이며 같은 종끼리는 암수가 교미하여 후손 생산이 기능함.

속 생물 분류의 한 단위. 과科와 종種의 사이.

강 생물분류의 기본단위 중의 하나, 문과 목 사이에 위치.

대양저 세계 해양의 해수 아래에 놓여 있는 바닥.

적점토 입자가 고운 홍갈색의 해양저 퇴적물. 주로 심해에 퇴적.

연니 주로 먼 바다에서 부유생물의 유해가 쌓인 퇴적물.

대양저의 수심을 측정한 자료에 따라 해저면의 등고선 지도가 만들어졌다. 가장 깊은 곳은 남태평양의 마리아나 해구로 8.2킬로미터에 이르렀다. 챌린저 호의 탐사에 경의를 표하기 위해 당시의 과학자들은 이곳을 챌린저 심해라고 불렀다. 또한 대서양 중앙에서 대양의 형태를 따라 남북 방향으로 길게 연결된 대양저산맥을 발견한 것도 매우 가치 있는 연구 결과

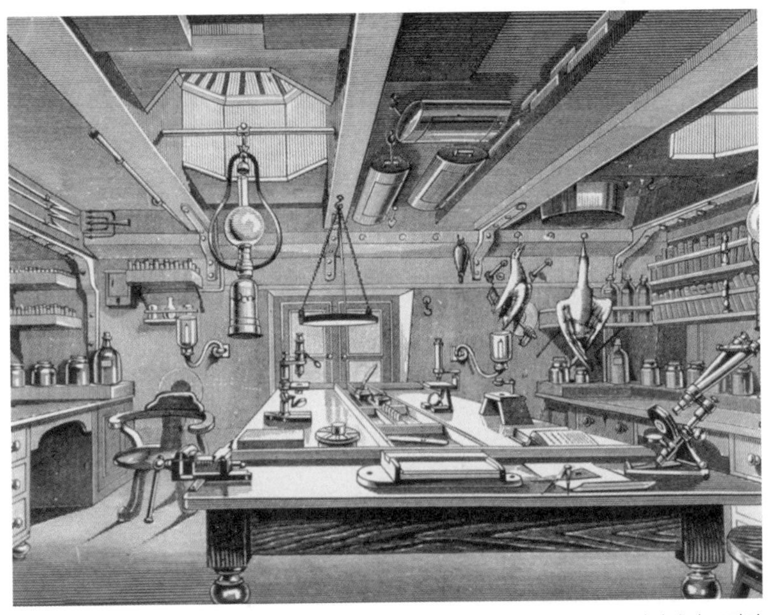

챌린저 호 내부의 실험실은 탐사 기간 동안 수집한 샘플과 표본을 관찰하고 정리하며 보관하기 위한 시설이 잘 갖추어져 있었다.

였다.

챌린저 호는 568일 동안의 항해를 하면서 생물 표본과 암석 샘플을 채집한 것 이외에도 남아메리카, 남아프리카, 호주, 뉴질랜드, 홍콩, 일본 그리고 대서양과 태평양의 수많은 섬들을 방문하여 이국적인 풍물에 대한 기록도 남겼다. 섬 지방의 물과 외딴 섬들의 다양한 동식물 시료도 수집했다. 또한 미개한 종족들의 문화에 관한 자료도 기록했다.

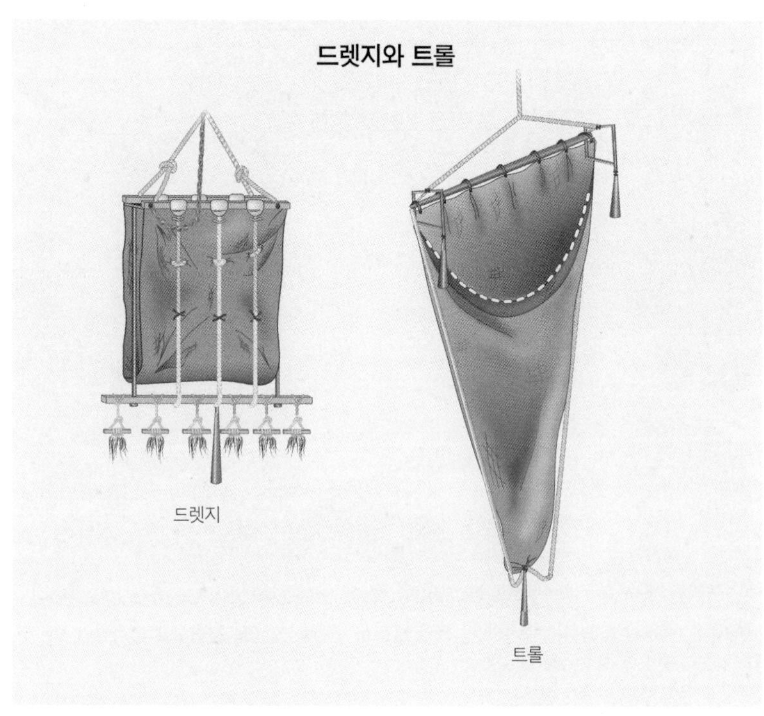

시료는 드렛지와 트롤을 사용하여 수집했다.

챌린저 보고서

탐사를 마친 뒤 톰슨은 에딘버러에 사무실을 세웠다. 그는 이곳에서 표본들을 정리, 분석하고 결과 보고서를 준비했으며, 샘플을 배분하는 업무도 진행했다. 챌린저 호 탐사는 톰슨의 결과 보고서를 통해서만 완성될 수 있었다. 하지만 그는 건강이 악화되어 보고서를 완성하지는 못했다. 대신 예비 보고서 차원의 〈챌린저 탐

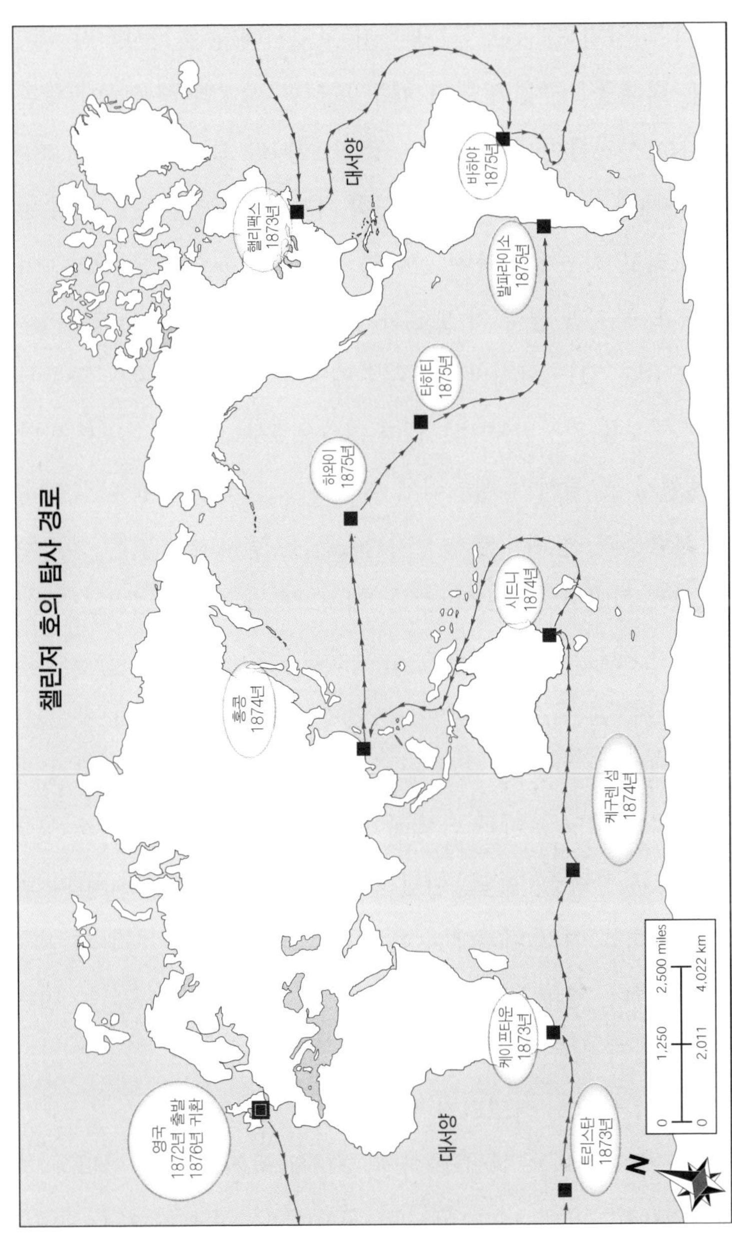

챌린저 탐사단은 68,890해리를 3년 반에 걸쳐 항해했다.

사: 대서양편〉을 선보였는데, 이 보고서에는 불가사리나 해면과 같은 극피동물들을 포함한 매우 화려한 형태의 생물들에 대한 아름다운 사진들이 수록되었다. 뿐만 아니라 톰슨은 대서양 해저의 형태, 대양저의 조성, 수온의 변화, 심해저 동물의 분포, 해수의 밀도 그리고 해수에 함유된 탄산의 농도에 대한 결과를 정리하여 발표했다. 하지만 결국 이 보고서의 '태평양편'은 발표되지 못했다.

1876년, 그는 왕립학회로부터 메달을 수여받는 한편, 과학에 기여한 공로를 인정받아 빅토리아 여왕으로부터 기사 작위를 받았다.

챌린저 호 탐사가 성공리에 마쳤다는 소식을 접한 다양한 부류의 사람들과 전 세계의 연구기관들은 이 탐사에서 얻은 샘플을 갖기 위해 치열한 경쟁을 벌였다. 대영박물관은 자기네가 모든 시료에 대한 책임을 가지고 실험을 진행해 결과를 정리해야 한다고 주장했으며, 많은 사람들이 이 의견에 동의했다. 그러나 톰슨의 생각은 달랐다. 그는 각각의 전공 분야에서 분석 능력이 가장 뛰어난 학자가 해당 분야를 담당해야 한다고 생각했다. 따라서 영국은 물론이고 프랑스, 독일, 이탈리아, 벨기에, 스칸디나비아와 미국을 포함하는 여러 나라에서 온 100명이 넘는 과학자가 이 연구에 동원되었다. 영국 정부는 이 어마어마한 연구에 소요되는 비용이 부담스럽지 않을 수 없었다. 연구는 지지부진했고, 연구에 참가한 사람들이 불평을 터뜨리기 시작했다.

연구가 진행되는 동안 쏟아진 불평에 따른 정신적 압박을 견디지 못했던 것일까. 1879년 그는 심장마비를 일으켰고, 1881년 또 다시 심장마비로 인해 쓰러지고 말았다. 1881년은 영국 정부가 지원해 온 처음 5년간의 연구비가 끊기는 시기였으며, 그 개인으로는 에딘버러 대학의 교수직과 챌린저 호 탐사단의 단장직에서 물러난 시기이기도 했다. 자연을 그토록 사랑했으며, 다양한 자연과학 분야에서 폭넓은 지식을 가졌던 이 위대한 개척자는 스코틀랜드 본사이드에 있는 고향에서 1882년 3월 10일 세상을 떠났다.

톰슨이 끝맺지 못한 연구는 한때 챌린저 탐사단의 젊은 연구원이었으며 훗날 저명한 해양학자가 된 존 머레이에 의해 계속 진행되었다. 그는 보고서를 완성하기 위해서는 약 5년의 기간과 15권 분량을 예상했지만, 실제로는 19년이라는 시간과 29,552쪽에 달하는 50권의 책으로 마무리되었다. 이후로 100년 이상의 시간이 흐르는 동안 해양학자들은 챌린저 탐사단의 조사 보고서를 참고했으며, 지금 이 시각에도 챌린저 탐사단의 보고서는 여전히 전 세계 학자들의 유용한 자료로 활용되고 있다. 막대한 분량의 보고서뿐만 아니라 아름다운 그림과 사진 역시 오늘날까지도 중요한 학술 자료로서 인정받고 있다. 챌린저 탐사에서 얻은 샘플과 표본은 현재 영국 런던의 자연사박물관에 보관되어 있다.

톰슨의 챌린저 탐사는 해양학의 문을 여는 첫걸음이었다. 3년 반에 걸친 지루하고도 혹독했던 해양 조사와 20년에 걸친 끝없는 연구가 없었다면, 해양학은 아직 걸음마 단계를 벗어나지 못했을지도 모른다. 이 위대한 업적을 이룬 톰슨에게 아직도 수많은 지리학자와 수로측량학자, 해양생물학자들은 존경과 감사를 보내고 있다.

대서양 대양저산맥

대서양 대양저산맥은 대서양 한가운데를 남북으로 관통하는 해저 산맥이다. 아이슬란드에서 남극 대륙에 이르는 지구상 가장 긴 산맥인 대양저산맥의 발견으로 인해 해양이 확장된다는 학설이 만들어졌다. 이로써 알프레드 베게너가 주장했던 대륙 이동에 대한 설명 역시 가능해졌다.

1921년 독일의 기상학자 베게너는 대서양 양쪽에 위치하는 대륙(남북 아메리카와 유럽, 아프리카)이 원래 하나의 대륙이었으나, 서로 반대편으로 갈라져 현재와 같이 되었다는 대륙이동설을 제시했다. 이러한 내용을 모두 합쳐서 정리한 이론을 판구조론이라고 한다. 지구의 가장 바깥 껍질 부분이며

암석으로 이뤄진 지각은 여러 개의 딱딱한 조각지각판으로 구성되어 있다. 그런데 이 지각판은 지각 아래에 위치하고 있는 물렁물렁한 **맨틀** 층 위를 둥둥 떠 있는 상태이기 때문에, 지각판이 이리저리 움직이다가 서로 부딪치기도 하고 벌어지기도 한다는 것이다.

대서양 대양저산맥은 이러한 지각판들이 서로 벌어진다는 사실을 가장 잘 보여 주는 예이다. 어떻게 이 거대한 지각판이 미끄러져 움직이는 것인지에 대한 완벽한 이론은 현재까지도 제대로 정립되어 있지 않다. 하지만 적어도 대양저산맥과 같이 지각판이 서로 벌어지는 곳은 아래로부터 용암이 계속 위로 공급되어 새로운 지각이 형성되는 것으로 판단하고 있다. 그리고 대양저산맥이 벌어지는 방향의 직각 방향으로는 깊은 골짜기가 많이 생겨나는데, 이렇게 서로 다른 지각판이 벌어지고 만남으로써 해저 지진이 발생한다.

대륙이동설 1912년 알프레드 베게너에 의하여 주장된 가설로서 대륙이 오랜 지질시대를 지나면서 지표면에서 수평적으로 이동한다고 주장.

판구조론 지구의 표면이 수평으로 이동하는 여러 개의 딱딱한 판으로 이루어져 있으며, 이러한 판들의 이동에 의해 지진, 화산작용, 습곡산맥의 형성 등 각종 지각변동을 일으킨다는 학설.

지각 대부분 암석물질로 되어 있는 지구의 가장 바깥 고체 부분.

맨틀 지구 지각과 외핵 사이에 있는 고온, 고밀도의 딱딱한 암석.

용암 지구 지각 내부에 있는 녹아 있는 물질. 여기에서 화성암이 만들어진다.

연 대 기

1830	3월 5일 스코틀랜드 린트고우 본사이드에서 출생
1849~50	의학을 공부함
1851	에버딘 대학의 식물학 강사
1853	코그의 퀸즈 대학에서 자연사 교수
1854	벨파스트 퀸즈 대학에서 지질학 교수
1860	벨파스트 퀸즈 대학에서 동물학과 식물학 교수
1866	노르웨이 크리스티아나(현재 오슬로)에서 30페텀 이하에서 수거된 해양 동물을 목격함.
1868	더블린 소재 왕립과학대학의 식물학 교수 재직. 왕실 선박 라이트닝 호에 승선함
1869	왕실 선박 포큐파인 호에 승선함

1870	에딘버러 대학의 자연사 담당교수
1872~76	왕실 선박 챌린저 탐사의 과학 담당 책임자
1873	〈대양의 심층〉 발간
1876	빅토리아 여왕에게서 기사 작위 수여
1877	〈챌린저 보고서: 대서양편〉 발간 1880~95, 〈챌린저 보고서〉 총 50권 발간
1882	3월 고향인 스코틀랜드 본사이드에서 영면

난센의 지칠 줄 모르는
열정은 인류를
미지의 세계로 인도했다.

지칠 줄 모르는 지식의 탐험가,

프리요프 난센

Fridtjof Nansen
(1861~1930)

해양학자이자 극지 탐험가

새롭고 엄청난 발견을 꿈꾸는 과학자들은 생명을 위협하는 위험을 감수하겠다는 모험 정신을 갖추어야 한다. 난센은 목숨을 걸고 극지를 탐험함으로써 극지의 해양과 해류의 움직임에 관한 지식의 세계를 넓혔다. 특히 난센은 당시에 아무도 거들떠보지 않던 해류의 움직임과 신경의 전달에 관해서 밝히는 새로운 분야에 자신을 바쳤다는 점에서 위대한 개척자로 오늘날 해양학자는 물론 동물학자들에게서도 존경을 받고 있다.

난센은 해양 무척추동물의 신경 조직을 현미경으로 오랫동안 관찰한 끝에 그 당시까지 팽배해 있던 '신경은 한 생물체 내에서 하나의 회로로 연결되어 있다'는 주장이 틀렸다고 생각했다.

이러한 그의 창의적인 생각과 그의 아이디어를 뒷받침하는 증거들을 통해 근대 신경학의 기초가 마련되었다.

또한 난센은 위험을 두려워하지 않는 실천력으로 그때까지 거의 알려진 것이 없었던 지역인 북극해와 그린란드 내륙 지방을 탐험했다.

탐험을 하는 동안 그는 생물학자, 해양학자, 기상학자 등에게 매우 귀중하고 방대한 자료를 꼼꼼히 수집하여, 추측으로만 남아 있던 가설에 대한 증거를 찾아냈고, 자신의 놀라운 이론 또한 증명했다.

?
북극해를
향하여!

자연 속에서 보낸 어린 시절

1861년 10월 10일, 노르웨이 크리스티아나(지금의 오슬로) 근교에서 한 남자 아이가 태어났다. 아이의 부모는 발두르와 아들레이드였다. 아이의 이름은 프리요프 난센이었다. 난센 부부는 재혼이었고, 이미 여섯 명의 아이를 두고 있었다.

피오르드 빙하의 작용으로 깊이 깎여 U자 모양으로 만들어진 바닷가 계곡.

프리요프는 자연의 수혜를 흠뻑 받고 자랐다. 삼림 지대와 **피오르드** 지역이 프리요프의 놀이터였다. 여름에는 낚시와 수영을 즐겼고, 가을에는 소총을 가지고 사냥을 다녔으며, 겨울에는 스키를 타고 설산을 누볐다. 그는 숲 속에서 사냥으로 먹을거리를 구하면서 며칠씩 숲 속에서 지내기도 했다.

프리요프는 스키에 재능을 타고났다. 그는 보통 아이들이 말을 배울 시기에 이미 스키를 타기 시작했다. 청년 시절의 프리요프는 지역 대항이나 국제 대회에 참가했고, 노르웨이 크로스컨트리 스키 선수권에서 열두 번이나 우승을 하기도 했다. 그는 학교 공부보다 운동에 관심이 더 많았다. 물론 크게 노력을 기울이지는 않았지만 학교 성적도 꽤 괜찮은 편이었다.

탐사 항해

난센은 1880년에 크리스티아나 대학(현재의 오슬로 대학)에 진학했지만, 특정한 직업을 염두에 두고 공부에 몰두하지는 않았다. 한때 공학과 임학에 관심을 갖기도 했지만, 그는 결국 동물학을 전공하기로 결심했다. 1881년 12월에는 심해 생물을 연구하는 데 필요한 예비시험을 통과했다. 석 달 후에는 동물학 교수인 로버트 콜레트의 추천을 받아 스피츠베르겐(그린란드 동부 해안에서 떨어져 있는 섬)으로 향하는 배에 몸을 실었다. 그로서는 첫 항해였다. 이 4개월에 걸친 탐사 여행은 난센에게 큰 영향을 미쳤고, 그는 그 이후로 전 생애를 바다에 바쳤다.

난센이 이 탐사 여행을 통해 배우고 연구하고자 했던 것은 바다표범의 생태와 북극해의 해류에 관한 것이었다. 그는 배의 선장이었던 악셀 크레프팅과는 사이가 좋았지만, 다른 승무원들은 온도 기록과 바닷새 해부, 현미경을 통한 관찰에 몰두해 있는 이 외골수와 거리를 두려고 했다. 그러나 유빙에 서식하는 바다표범을 단 한 방에 끝장을 내는 그의 신기에 가까운 사격술에는 승무원들도 감탄하지 않을 수가 없었다. 심지어 난센은 상어 몇 마리

트롤 예인망을 사용하여 바다 바닥에 사는 생물을 잡는 방법. 해저 바닥에 사는 물고기를 잡기 위하여 자루그물 양쪽에 날개가 달린 그물을 쓰며 날개 앞쪽에 전개판을 장착하여 배가 그물을 끌고 가면 전개판이 그물을 양쪽으로 벌려 고기가 잡히는 그물의 한 형태.

를 잡기도 했다. 뿐만 아니라 한번은 배가 그린란드 동쪽에서 얼음에 갇혀 꼼짝 못하고 있을 때, 유빙 사이에 난 구멍으로 트롤 그물을 끌고 가 북극곰들을 사냥하기도 했다.

난센은 해변의 얼음 절벽에 꼭 가 보고 싶어 했다. 하지만 크레프팅 선장은 얼음 절벽에 올라가는 것이 너무 위험하기 때문에 허락하지 않았다. 난센이 이번 탐사 여행을 통해 얻은 한 가지 중요한 사실은, 빙하는 바다 깊은 곳에서 만들어져 표면으로 떠오르는 것이 아니라 바다 표면에서 만들어진다는 점이었다. 그는 또한 얼음으로 덮여 있는 표면 아래에서도 해류가 움직인다는 사실도 확인했다.

탐사 여행이 끝날 무렵 난센은 마음속으로 정했던 목적을 이루었을 뿐만 아니라 해양 생물의 표본도 다수 수집할 수 있었다. 그는 집으로 돌아가게 된 것이 오히려 섭섭할 정도로 지적 욕구가 강한 젊은이였다.

무척추동물의 신경 전달에 대한 연구

바이킹 호 탐사 여행을 마친 뒤 프리요프 난센은 연구실에서 사무를 맡았다. 이미 광활한 바다를 탐험했던 난센으로서는 연구실의 사무가 지겨울 수밖에 없었다. 다행히 보다 흥미로운 일이 그에게 맡겨졌다. 노르웨이 서해안에 위치한 베르겐시 박물관의 관리자로 임명된 것이다. 정규적인 대학 교육을 끝내지 못한 그로서는 이론적인 배경을 쌓기에 좋은 일자리였다. 그는 맡은 일에 최선을 다했다. 하지만 설원에서 스키 타는 걸 즐기며 살아온 난센에게 베르겐은 그다지 매력적이지 않았다. 베르겐은 별로 눈이 많이 오지 않는 곳이었다. 그는 베르겐에서 일하는 동안 대자연이 펼쳐진 고향을 늘 그리워했다. 그러다가 크리스마스 시즌이 되면 고산지대의 눈보라 속에서 원 없이 스키를 탔다.

난센의 상관이었던 다니엘슨 박사는 그의 열정적인 연구 태도에 감탄했다. 베르겐 지역은 주변을 바다가 둘러싸고 있어서 살아있는 해양 생물의 표본을 쉽게 구할 수 있었다. 난센은 이 표본들을 현미경을 통해 주의 깊게 관찰했다. 그는 각각의 표본에 이름을 붙여 분류했으며, 동료 해양생물학자들을 만날 기회도 자주 가졌다. 그가 해양 무척추동물(등뼈가 없는 동물)의 신경에 흥미를 가지게 된 계기는 독일인 동물학자 뷜리 퀴켄탈과 만나면서부터였다.

난센은 생물체가 세포로 구성되어 있다는 사실과, 신경세포가 가진 특별한 기능에 대하여 혼자 공부하면서 스스로 깨우쳤다. 이와 같은 아이디어는 다윈의 진화론과 함께 유행처럼 퍼져 나갔다. 만약 먼 과거에 모든 생물체가 한 조상에서 시작되었다면, 하등 무척추동물의 신경을 연구함으로써 인간의 신경에 관련된 사실을 아는 데 도움이 될 것이었기에 난센은 흥미를 느꼈다. 그는 불가사리의 기생충인 미조스톰의 신경계를 집중적으로 연구했다. 그는 이 연구에 대한 공로를 인정받아 베르겐 박물관으로부터 요하임 프리엘 금메달을 수여받았다.

미지의 영역에 대해 알고자 하는 난센의 지적 욕구는 거기서 그치지 않았다. 그는 보다 폭넓은 세상을 접하기 위해 1885년 3월 박물관에 사직서를 제출했다. 하지만 다니엘슨 박사는 난센에게 1년간의 휴식을 주고 봉급을 여행 경비로 지급했다. 그리하여 그해 여름 난센은 흥미로운 해양 생물 표본이 많이 분포하고 있는 베르겐 북쪽의 한 섬에서 탐사를 할 수 있었다.

난센은 신경들이 어떻게 서로 의사를 전달하고 소통하는지 알아내고 싶어 했다. 그 당시 학계의 일반적인 견해는 신경계의 세포들이 모두 연결되어 있기 때문에 의사소통이 가능하다는 것이었다. 그러나 현미경을 통해 여러 샘플을 오랫동안 관찰한 뒤 난센은 모든 신경계 세포들이 반드시 직접적으로 연결되어 있는 것은 아니라고 확신했다.

겨울에 난센은 생애 처음으로 유럽 대륙 여행에 나섰다. 그는 질산은을 이용하여 세포의 얇은 조직 단면을 염색하는 특별한 기술을 배우기 위해, 지금의 이탈리아 파비아 지역에서 살고 있는 유명한 세포생물학자 까밀로 골기를 찾아갔다. 골기는 난센의 갑작스러운 방문에 놀라고 당황스러워했지만, 배움을 향한 그의 열정에 감탄했다. 골기는 신경세포들이 오늘날 **시냅스**라고 부

시냅스 신경세포와 다른 세포가 만나는 접합 부위.

르는 곳을 통해 상호 작용한다는 사실을 난센이 확신할 수 있도록 도움을 주었다. 골기로부터 염색 기술을 익힌 뒤 난센은 무척추동물의 신경계를 염색하는 데 이 기술을 최초로 적용했다. 난센은 염색된 신경조직의 단면을 관찰하면서 세포 내 작은 조직들의 복잡한 구조와 형태에 놀라지 않을 수 없었다.

난센은 연구를 계속하여 오늘날에는 당연하게 받아들여지고 있는 여러 가지 주장을 제기했다. 예를 들어, 모든 신경 단위들이 막을 가지고 있고(오늘날에는 모든 세포가 그러하다고 알려져 있다), 신경섬유가 척추 기둥의 아랫부분을 통과한 후 'T'자 모양으로 갈라진다는 사실을 관찰한 것 등이다. 또한 **반사궁**(무릎 반사와 같은 간단한 반사 경로)을 이론적으로 설명하기도 했다. 뿐만 아니라 1886년에 발표한 베르겐 박물관 보고서 〈중추신경계의 조직학적 요소들의 구조와 결합〉이라는 탁월한 논문으로 인해 난센은 근대 신경학을 창시한 인물 중의 한 명으로 인정받게 되었다. 난센은 이 논문의 내용을 한 권의 책으로 묶어 영국에서 출판했으며, 논문의 요약본을 노르웨이어로 작성하여 박사 학위 논문으로 제출했다. 대학은 그 논문을 그의 학위 논문으로 인정하기로 결정했고 1888년 4월 28일, 난센은 공식적으로 박사 학위를 수여받았다.

반사궁 반사호. 자극이 반사 중추로 전달되고 다시 자극을 반응하는 신체의 기관으로 전해지는 전 과정. 그 결과 운동, 긴장, 분비 등이 일어남.

빙원을 넘어서

수많은 생물학적 발견을 통해 자신이 이룬 학문적 성취를 인정받고 있었지만, 난센이 정말 하고 싶었던 일은 다른 곳에 있었다.

1883년, 탐험가 바론 닐스 노르덴스코트가 그린란드의 서해안 탐사를 성공적으로 마쳤다. 당시 그린란드 내륙 지역이 어떻게 생겼는지 아는 사람은 단 한 명도 없었다. 지금 생각하면 어처구니없는 일이지만, 그 당시 일부 사람들은 그곳이 온화한 낙원이라고 믿고 있었다. 하지만 난센의 생각은 달랐다. 그는 그린란드 내륙이 얼음으로 이루어져 있을 것이라고 믿어 의심치 않았다. 난센은 자신이 그린란드 내륙 지역을 성공적으로 탐험하는 첫 번째 인물이 될 수 있을 것이라고 굳게 믿었다. 그는 이 계획을 스키를 타고 실행할 것이라고 마음먹었다.

사람들은 난센을 비웃었다. 하지만 아우구스틴 빌헬름 감멜이라는 덴마트인 사업가가 난센을 후원하겠다고 나서면서 그의 탐사 계획은 구체적인 모습을 갖추었다. 노르덴스코트로부터 조언을 구한 후, 난센은 매우 세심하게 계획을 짠 뒤 다섯 명의 용감한 대원들을 이끌고 물범잡이 어선인 제이슨 호를 타고 그린란드를 향해 출발했다.

이전에 그린란드 빙원을 돌파하기 위한 도전은 이미 여덟 번이나 있었지만, 하나같이 실패로 끝나고 말았다. 이전의 도전은 모두 그린란드 서해안에서 시작하여 동쪽으로 향했다. 난센은 이와는 반대로 계획을 세웠다. 일종의 배수의 진을 친 것이었다. 그린란드 서해안과는 달리 동해안은 사람이 전혀 살지 않았다. 때문에 동해안에서 출발한다면 후퇴할 수 있는 여지가 없기 때문에 서쪽을 향해 약 700킬로미터를 계속해서 갈 수밖에 없을 것이라고 생각했다. 난센은 탐사 기간을 한 달로 잡았지만, 물품은 두 달치를 준비했다.

1888년 7월 17일, 제이슨 호는 동해안에서 20킬로미터 떨어진 유빙에 탐험가들을 내렸다. 뱃길을 막는 얼음 때문에 배가 앞으로 나아갈 수 없기 때문이었다.

난센을 비롯한 탐사대원들은 보트를 타고 해안에 접근하려고 했다. 하지만 잠깐 사이에 바람을 타고 떠내려 온 어마어마한 유빙이 길을 막았다. 탐사대원들은 기다릴 수밖에 없었다. 길을 막고 있는 유빙을 건너기 위해 어쩔 수 없이 보트를 유빙 위로 끌어올리고 다시 바다에 띄우기를 수십 차례 거듭해야 했다. 간신히 북극해의 빙원에 도달했을 때는 이미 12일이나 소요되고 난 뒤였다. 이 와중에 그들은 제이슨 호가 내려 준 곳에서 남쪽으로 380킬로미터나 떠내려 오고 말았다. 예상한 일정에서 훨씬 어긋나 있었고 물품이 부족했을 뿐 아니라 여름이 끝나 가고 있었다. 그래서 난센은 원래 계획했던 도착 지점인 세밀릭으로 향하는 대신 우미빅으로 방향을 돌렸다.

난센과 대원들은 8월 14일이 되어서야 다섯 대의 썰매를 지고 거대한 얼음 절벽을 건너기 시작했다. 앞으로 나아갈수록 길이 평평해지고 눈이 푸석푸석해져서 스키를 타기에도 어려운 상황이 이어졌다. 폭우와 폭설 속에 며칠 동안 묶여 있기도 했다. 그들은 일주일 뒤 간신히 빙원의 끝자락에 도달했다. 빙판이 있는가 하면 발이 푹푹 빠지는 눈밭이 나타나기도 했다. 어떤 날에는 30킬로미터 정도 전진했지만 10킬로미터조차 나아가지 못하는 날도 있었다. 운이 좋은 날에는 등 뒤로 바람을 맞으며 내리막길을 달려 70킬로미터를 전진하기도 했다.

눈에 보이는 것이라고는 온통 눈으로 뒤덮인 지평선뿐이었다. 대원들은 하나둘 지쳐 갔다. 입에 맞지 않는 음식에 불만을 토로하기도 했고, 계속되는 갈증을 호소하기도 했다. 하지만 가장 혹독한 장애물은 -50°C까지 떨어지는 엄청난 강추위였다.

9월 말경, 난센과 대원들이 그린란드 탐험을 위해 나선 지 두 달이 지났을 무렵, 그들은 빙원의 마지막 비탈을 가로질렀다. 이로써 난센은 그린란드가 눈으로 덮여 있다는 사실을 눈으로 확인한 최초의 사람이 되었다. 난센과 그의 팀은 이제 눈 대신 흙을 밟고 설 수 있게 되었다. 하지만 도착 예정 장소인 고탑까지는 아직도 100킬로미터의 여정이 남아 있었다.

나머지 대원들을 남겨두고 난센과 그의 대원 오토 스베어드럽은 길을 찾기 위하여 앞장서서 나아갔다. 그들은 임시로 만든 보트를 타고 피오르드를 가로질렀고, 갈매기를 사냥해서 식량 문제를 해결했다.

10월 3일, 드디어 난센은 고탑 바로 남쪽의 해안가에 도착했다. 그곳에서 난센은 이누이트(에스키모)들과 함께 있는 덴마크 청년

구스타프 바우만을 만났다. 난센이 역사적인 그린란드 횡단에 성공한 바로 그 순간, 바우만이 난센에게 한 말은 엉뚱하게도 "박사학위 받으신 것을 축하드립니다"였다.

난센은 남겨두고 온 탐사대원들을 데려오기 위해 시간을 보내는 바람에 그린란드를 떠나는 그해의 마지막 배를 놓치고 말았다. 그린란드 횡단을 성공적으로 마쳤다는 소식을 배편으로 전하기는 했지만 난센과 대원들은 이누이트들과 함께 겨울을 나야 했다. 이때 난센은 벌써 북극점 탐사를 꿈꾸고 있었다.

1889년 5월 마침내 난센은 크리스티아나에 도착했다. 뜻밖에도 약 5만 명의 인파가 그를 환영하기 위해 나와 있었다.

베르겐 연구소의 소장인 다니엘슨 박사는 난센이 연구소의 옛 직장으로 돌아오기를 간절히 바랐지만, 난센은 정중히 거절했다. 대신 그는 크리스티아나 대학의 동물 시료 수집 관리자 직위를 가지고 대부분의 시간을 그린란드 횡단에 관한 경험을 글로 옮기는 데 보냈다. 그 후 몇 개월 동안 난센은 런던의 왕립 지리학회와 에든버러의 왕립 스코틀랜드 지리학회 등의 장소에서 수많은 청중들을 상대로 그린란드 탐험에 관해 강연했다. 난센이 관찰하고 정리한 북극의 날씨에 관한 자료들은 훗날 북유럽의 날씨 패턴을 설명하는 데 도움을 주었다. 그러나 막상 난센 자신은 그린란드 탐험을 스키 여행 정도로만 생각했다.

난센에게는 사랑하는 여인이 있었다. 그린란드로 떠나기 직전에 만난 에바였다. 그녀는 저명한 동물학자 미카엘 사르스의 딸이었으며, 대중으로부터 인기를 누리고 있던 가수였고, 난센과 마찬가지로 스키를 즐겼다. 1889년 8월, 그들은 약혼했다. 그 즈음 난센은 마음속으로 품어 왔던, 북극으로 탐험을 떠날 계획에 대해 솔직하게 고백했다. 한 번 떠나면 다시는 돌아올 수 없을지도 모르는 일이었다. 하지만 에바는 난센뿐만 아니라 난센의 열정과 꿈도 사랑했다. 그들은 1889년 9월 6일 결혼식을 올렸다.

가정을 이룬 초기에 경제적인 여유가 없었던 난센 부부는 라이세이크에 있는 판잣집에서 원시적이라 할 정도로 불편하게 살았다. 그다음 해에 난센의 《스키를 타고 그린란드를 횡단하며》라는 책이 출판되자 조금씩 형편이 나아졌다. 이 젊은 커플은 1891년 봄에 고탑('밝은 희망'이라는 뜻)이라고 이름 붙인 새 집으로 이사했다.

앞으로 전진!

난센은 시베리아에서 시작되어 북극해를 통과한 뒤 그린란드로 흐르는 해류가 존재한다고 믿었다. 북극해를 여러 차례 항해했던 경험과, 그린란드를 탐험하는 동안 나무 조각들이 떠내려 오는 것을 목격했던 사실들을 가지고 판단해 볼 때, 난센은 자신의 이 이론을 뒷받침할 자신이 있었다. 게다가 난센은 난파했던 자네트 호의 잔해가 그린란드 남서쪽 근처 피오르드에서 발견되었다는 1884년 11월의 신문기사를 보고 더욱 확신을 가졌다. 자네트 호는 뉴시베리아 섬 근처에서 유빙과 충돌하여 침몰했다. 따라서 난파한 자네트 호가 난센이 예측한 해류를 따라 북극해로 흘러간 것이라는 해석이 가능했던 것이다.

이미 국가적인 영웅이 된 난센은 노르웨이 정부의 대대적인 지원을 받았다. 1890년 2월부터 난센의 탐험대는 일부러 배가 얼음 속에 갇히도록 하여 북극해의 해류에 의해 시베리아에서 북극으로 흘러가도록 함으로써 자연적인 유빙의 이동을 따라가 보겠다는 무모한 계획을 세웠다. 이 계획이 성공하기 위해서는 두 가지 조건이 충족되어야 했다. 첫 번째는 난센이 예측한 해류가 실제로 존재해야 하는 것이었고, 두 번째는 얼음에 갇힌 뒤에 강하게 조여 올 얼음의 냉각력을 버틸 수 있을 정도로 탄력 있고 강한 선박이 있어야 했다. 선박 설계 전문가들은 그런 배를 건조하는 것이 불가능하다고 생각했다. 하지만 콜린 아처라는 설계 기술자가 이 불가능해 보이는 도전에 나섰고, 2년여의 노력 끝에 성공해 보였다. 물론 실제로 얼음에 갇히고 난 뒤에 어떤 상황이 발생할지에 대해서는 어느 누구도 장담할 수 없었다. 1892년 10월 26일, 에바는 이 배에 프램Fram ('앞으로'라는 뜻)이라는 이름을 붙였다.

난센은 탐험에 필요한 모든 세부사항을 검토하면서 매우 바쁘게 지냈다. 특히 언제 어떻게 발생할지 모르는 응급 상황에 대한 대비를 하는 데 세심한 주의를 기울였다. 얼음과 눈밭에서 지내기 위한 특수 장비들을 제작했고, 특별한 방법으로 가공한 음식과 의류를 주문제작하기도 했다.

탐험을 준비하면서 가장 어려웠던 일은 난센과 동행하겠다고 자원한 많은 사람들 중에서 적절한 대원을 선발하는 것이었다. 그린란드를 횡단할 때 최종적으로 난센과 함께했던 스베어드럽이 합류한 것은 당연한 일이었다. 많은 학자들과 과학자들도 그와 동행하기를 바랐지만, 스키 타는 실력, 바다와 배에 대한 지식을 기본적으로 갖추어야만 선발될 수 있었다.

마침내 난센은 12명의 대원을 선발했다. 그리고 1893년 6월, 프램 호는 오슬로 피오르드에서 닻을 올렸다. 난센은 이번 탐사에 3년 정도의 시간이 소요될 것이라고 예상했지만, 만약의 경우에 대비해 6년분의 물품을 실었다. 시베리아 연안과 북쪽을 항해하는 동안 난센은 새롭게 발견한 섬들을 해도에 기입하고 하나하나 이름을 붙였다.

드디어 계획했던 대로 프램 호는 얼음에 갇히게 되었다. 우려했던 바와는 달리 프램 호는 매우 견고하게 건조되어 조여 오는 유빙의 압력을 견뎌낼 수 있었다. 얼음이 얼면서 배는 자연스럽게 얼음 표면 위로 들어 올려졌다. 다행히도 배의 둥근 바닥이 얼음에 안정적으로 박혀 옆으로 기울어지는 일은 없었다. 이제 프램 호의 모든 것은 오직 신의 손길에 맡겨졌다. 인공적인 힘이 전혀 가해지지 않은 상태에서 자연이 정해 주는 대로 갈 수밖에 없었다.

긴장과 침묵 속에 시간이 흘러갔다. 10월 26일, 수평선 너머로 태양이 완전히 진 이후로 4개월 동안은 전혀 태양을 볼 수가 없었다. 썰매를 끌기 위해 태운 개들은 새끼를 낳았다. 사람들은 배 안에 만들어 놓은 도서관에 있는 600여 권의 책을 벗으로 삼았다. 괴혈병에 대해 걱정하는 사람도 있었고, 때때로 논쟁에 열을 올리는 사람도 있었다. 전대미문의 이 무모한 항해에 차츰 익숙해지자, 날씨가 좋은 날에는 유빙 위에서 산책을 하기도 했다. 물론 지루한 이 항해에 참여한 것을 후회하는 사람도 있었다. 그러나 대원들은 휴일을 신성하게 보냈고, 생일을 맞은 사람이 있으면 케이크를 만들어 축하하기도 했다. 그러는 동안 북극해의 해류에 관한 난센의 이론이 서서히 사실로 드러나고 있었다. 하지만 북쪽으로 흘러가는 속도가 예상했던 것보다 훨씬 느렸다. 난센은 단지 자연의 힘에 모든 것을 맡긴 채 떠내려가는 것만으로는 성에 차지 않았다. 그는 프램 호를 떠나 스키를 타고 북극점을 정복할 것이라는 계획을 비밀리에 세우고 있었다.

기상 자료와 지리 정보는 지속적으로 수집되었다. 난센과 대원들은 매일 수온과 염분, 얼음의 두께를 기록했고, 수집한 시료는 현미경으로 관찰을 했다. 수심을 측정한 결과, 북극해의 수심이 예상했던 것보다 훨씬 더 깊다는 사실을 알 수 있었다. 또한 유빙이 바람이 부는 방향과 동일한 방향으로 정확히 흘러가는 것은 아니라는, 다시 말해 약 45도 우측 방향으로 흘러간다는 사실도 발견했다. 난센은 이 현상이 지구의 자전 때문에 발행하는 것이라고 추측했고, 그의 이러한 추측은 훗날 반 알프레드 에크만에 의해 수학적으로 증명되었다.

해양의 표층에서 바람이 한 방향으로 불면 해류는 바람이 불어가는 방향에서 오른쪽으로 45도 휘어져 흐르게 된다. 이 현상은 현재 해양학에서는 에크만 나선 운동이라고 부르고 있다. 사실상 이 현상을 처음 발견한 사람은 난센이므로, 이 현상을 난센-에크만 나선 운동이라고 불러야 한다는 주장도 있다.

뿐만 아니라 난센은 북극해의 깊은 곳에 잠겨 있는 해저산맥을 최초로 발견하기도 했다. 오늘날 이 해저산맥은 난센 해저산맥이라고 불리고 있다.

북극점

1894년 말, 난센은 대원들이 모인 자리에서 중대 발표를 했다.

"나는 북극점에 도달하기 위해 한 명의 대원과 함께 프램 호를 떠날 겁니다. 남은 대원들은 각자 맡은 임무에 충실해 주시기 바랍니다."

북극점 탐험에 동행할 대원으로는 스베어드럽이 가장 적합했다. 하지만 프램 호에 남아 있는 대원들을 지휘하기 위해 부단장격인 스베어드럽은 배에 남아야만 했다. 결국 동반할 대원으로는 프램 호의 기관조수인 잘마르 요한슨이 선발되었다. 특수 카약, 순록털 침낭, 의류, 음식 등을 준비하는 데만도 수개월이 걸렸다. 더군다나 출발 시기를 잘못 택하는 바람에 두 번이나 출발에 실패하고 말았다. 1895년 3월 14일이 되어서야 난센과 요한슨은 이전의 어느 누구도 도달한 적이 없었던 위도 84°4′에서 그나마 따뜻하고 편안한 보금자리를 제공했던 프램 호를 떠났다. 물품을 가득 실은 3대의 썰매를 끄는 28마리의 개들이 그들을 따랐다.

난센은 개썰매의 속도가 크로스컨트리 스키를 탈 때의 속도와 비슷하다는 사실을 알고 있었다. 난센과 요한슨은 낮 동안에는 개썰매에 의지하여 전진하고, 밤에는 텐트를 치고 스토브에 젖은 옷을 말렸다. 탐험을 하는 도중에 위치를 확인하는 장비를 잃어버렸기 때문에 시계와 태양을 이용하여 위치를 확인해야 했다. 3월이 지났지만 이상하게도 그들은 계획했던 것보다 훨씬 남쪽에 있었

난센의 탐사 경로

난센은 북극을 탐사하는 동안 북극점에 가장 가까이 다가가는 기록을 세웠다.

다. 난센은 그제야 자신들이 걸음을 내딛고 있는 빙원이 북쪽으로 부지런히 걷는 자신들의 속도보다 더 빨리 그들을 남쪽으로 밀어내고 있다는 사실을 깨달았다. 이런 식이라면 영원히 북극점에는 도달할 수가 없는 노릇이었다.

4월 7일, 난센과 요한슨은 당초 예상보다 235킬로미터 떨어진 위도 86°24′N의 빙하 위에 노르웨이 국기를 꽂은 후 상심한 채 돌아섰다. 그들은 북극점에서 약 370킬로미터 떨어져 있었고, 다음 예정 목적지인 프란츠 조셉 섬에서는 약 640킬로미터 떨어져 있었다.

상황이 점점 악화되고 있었다. 혹독한 추위 속에서 밤을 지새우고 난 어느 날 아침 난센의 시계가 멈추어 있었다. 요한슨의 시계도 마찬가지였다. 위치를 파악하기 위해서는 시계가 필수적이었다. 적어도 6월까지는 육지에 도달하기를 바랐지만, 그들은 어디로 향해야 할지도 모르는 처지였다. 썰매를 끌던 개들은 서서히 굶주림에 지쳐 갔다. 난센은 개들을 먹이기 위해 한 마리씩 희생시킬 수밖에 없었다. 그리고 기회가 있을 때마다 바다표범, 해마, 북극곰 등을 사냥해 배를 채웠다. 동물의 기름으로 불을 피웠고, 짐승의 가죽으로 체온을 유지했다.

극한의 상황 속에서 4개월여를 지낸 난센과 요한슨은 8월경에 한 이름 없는 섬에 도착했다. 다가오는 북극의 겨울은 그 섬에서 날 수밖에 없었다.

짐승의 뼈, 떠내려 온 나무토막, 이끼, 짐승의 가죽을 이용하여 난센은 섬의 비탈진 곳에 오두막을 지었다. 사냥한 곰의 고기로 만든 스테이크와 수프로 겨우 목숨을 이어 나갔다. 때로는 이틀 동안 잠에 빠져 있기도 했다. 찬 공기를 막고 불을 피우기는 했지만 오두막 안의 온도는 늘 빙점을 맴돌았다. 죽음이 눈앞에 어른거릴 때마다 난센과 요한슨은 서로를 위로하며 용기를 북돋웠다. 두 사람이 겨우 누울 수 있는 좁은 오두막에서 두 사람은 길고도 지루한 8개월을 보냈다.

이대로 마냥 있을 수는 없었다. 1896년 5월 19일, 난센과 요한슨은 오두막을 버리고 길을 나섰다. 자신들의 위치를 알 수 없는 상황에서 어디로 가야 할지 확신할 수는 없었다. 다만 자신들이 선택한 방향이 옳은 길로 인도하기만을 바라며 그들은 카약과 스키를 타고 앞으로 나아갔다.

그렇게 한 달여를 보낸 6월 17일, 난센은 멀리서 개 짖는 소리를 듣고 소리가 들려오는 방향으로 길을 재촉했다. 기진맥진해 있는 요한슨은 그 자리에 남겨 두었다. 얼마 지나지 않아 난센은 눈 위에 난 사람 발자국과 썰매의 흔적을 발견했다. 용기를 얻은 난센은 있는 힘을 다해 발자국과 썰매 흔적을 따라 걸었다. 하늘이 그를 도왔다. 난센은 곧 영국인인 프레드릭 조지 잭슨을 만났다. 잭슨은 탐험대에 합류하려고 신청했지만 탈락한 사람이었다. 그럼에도 불구하고 잭슨은 난센과 만나기를 고대하면서 그에게 전해 줄 편지 뭉치까지 지니고 있었다.

요한슨을 구출하기 위한 구조대가 급파되었고, 난센과 요한슨은 영웅 대접을 받으며 사람들이 이룬 마을로 귀환했다. 그들은 프란츠 조셉 랜드에서 몸을 추슬렀다. 설원 위에서 표류하는 동안 길었던 머리와 덥수룩한 수염을 깎고 때를 벗기고 나자, 그제야 두 사람은 원래 모습을 어느 정도 되찾았다. 커피와 설탕만큼 반가운 것이 없었다. 몹시 지쳐 있었지만, 난센은 배를 기다리는 동안 **현무암** 절벽의 지질을 조사하고

현무암 검은색을 띠는 철이나 마그네슘이 풍부한 염기성 화성암.

다니며 자신의 지적 욕구를 채웠다.

7월 26일, 윈드워드 호가 프란츠 조셉 랜드에 도착했다. 난센과 요한슨은 8월 7일에 윈드워드 호를 타고 프란츠 조셉 랜드를 떠났다.

1896년 8월 13일, 난센은 노르웨이 해안에 근접한 바르도에 잠시 머물며 아내를 비롯한 지인들에게 전보를 쳤다. 반가운 소식은 삽시간에 퍼졌다. 그가 돌아온다는 소식만으로도 고향 마을은 축제 분위기에 휩싸였다.

8월 18일, 드디어 난센은 함메르페스트에서 아내 에바와 재회했다. 엄청나게 성대한 축하 인파와 행사가 난센을 기다리고 있었다. 그로부터 이틀 뒤 난센은 또 한 가지 반가운 소식을 접했다. 3년여의 탐험을 마친 프램 호가 노르웨이에 막 도착했다는 스베어드럽의 전보가 도착한 것이었다. 난센과 스베어드럽은 트로모스에서 다시 만났다. 난센과 그의 아내 에바, 요한슨은 다 같이 프램 호에 합류하여 크리스티아나로 돌아갔고, 그곳에서 폭발적인 환영을 받았다.

난센이 북극점에 도달하지 못했다는 점에 대해서는 아무도 개의치 않았다. 그가 최북단에 도달하는 신기록을 수립했고, 탐사대가 단 한 명의 인명 손실도 일으키지 않았다는 사실만으로도 충분했다. 그리고 무엇보다도 난센의 모험으로 인해 앞으로 펼쳐질 물리 해양학 분야에 대한 새로운 관심이 들끓었다.

난센은 전 세계가 인정하는 영웅이 되었다. 강의 요청이 쇄도했으며, 축하연도 끊이지 않았다. 옥스퍼드와 케임브리지에서는 그에게 명예박사 학위를 수여했다. 약 두 달 뒤 난센은 노르웨이어로 쓴 300,000단어 분량의 여행기를 완성했다. 영문판은 다음 해 1월에 출간되었고, 거기에는 탐험 중에 쓴 일기가 포함되어 있었다. 두 개의 출판물 모두 난센에게 경제적인 성공을 가져다주었다.

난센이 북극해에서 발견한 과학적인 정보는 일반 대중들의 눈길을 끌지는 못했지만, 1900년부터 1906년 사이에 여섯 권의 보고서 시리즈 〈노르웨이 북극 탐사(1893~1896)〉가 출간되어 학자들로부터는 많은 관심을 끌었다.

노벨 평화상을 받은 해양학자

난센은 크리스티아나 대학의 동물학 연구 교수직에 임명되었다. 그는 아내 에바, 북극 탐험을 떠나기 직전에 태어난 딸과 함께 단란한 가정을 꾸며 정착했다. 이후로 그는 세 명의 딸과 아들을 두었다. 난센 가족은 피오르드가 보이는 곳에 집을 구했고, 그곳을 폴호그다라고 이름 붙였다.

1900년부터 난센은 크리스티아나에 위치한 북해연구국제연구소의 소장을 맡았다. 그 후로 10년이 넘는 세월 동안 수많은 곳에서 강연을 했고 여러 단체의 고문을 지냈다. 1908년부터는 크리스티아나 해양학회의 회장직을 수행했다. 노르웨이 경제에서 수산업이 차지하는 비중이 매우 높았기 때문에 해양 생물에 영향을 주는 해류, 수심, 수온과 관련된 정보는 매우 귀중한 것이었다. 그는 해수의 성분, 조류, 해양 생물의 생태에 대한 자료를 수집하고 분석하는 단체를 여러 개 만들었다. 이로써 해양학이라는 새로운 분야가 자리를 잡는 데 큰 공헌을 했다. 또한 그는 시베리아에서 유럽까지 무역 루트를 넓히기 위해 1913년에 시베리아를 횡단하기도 했다.

난센은 해양생물학자로 큰 업적을 남겼고, 극지방 탐험가로 명성을 얻었을 뿐 아니라 해양학 분야의 발전에 지대한 공헌을 했다. 그러나 말년에는 전혀 다른 활동을 펼쳤다.

난센은 국가연맹League of Nations(오늘날 UN의 전신)에서 첫 노르웨이 대사가 되었고, 1차 세계대전에는 최소한의 비용으로 437,000명 이상의 죄수를 송환하는 작업을 성공리에 마치기도 했다. 여기에 더하여 재정적인 도움을 주는 등의 다양한 방법으로 심각한 가뭄에 고통 받던 수백만 명의 러시아 사람들에게 희망을 심어 주었다.

공산주의자에게 도움을 주면 적으로 간주되던 살벌한 시절이었기에, 러시아 사람들에게 도움을 준다는 것은 정치적 이데올로기를 뛰어넘는 인류애와 진정한 용기를 갖추지 못하면 감히 해낼 수 없는 일이었다. 그리고 난센은 150만 명 이상의 피난민들에게 살 길을 열어 주고 거처를 마련해 주기도 했다.

그의 이러한 인도주의적 공헌은 1922년 노벨 평화상을 받는 것으로 보상을 받았지만, 그가 받은 진정한 보상은 평화와 사랑 그 자체였다.

1930년 5월 13일, 난센은 자신의 집 베란다 의자에서 바다를 내려다보던 중에 심장마비로 세상을 떠났다. 어쩌면 그 순간 그는 그 자신이 끝내 이루지 못한 꿈을 생각하며 가슴이 벅차올랐는지도 모른다. 그의 장례는 노르웨이의 독립기념일인 5월 17일에 국장으로 치러졌고, 레이세크의 폴호크다에서 영면했다.

북극점은 1909년 로버트 피어리에 의해 정복되었고, 1911년에는 로알드 아문센이 최초로 남극점에 도달했다. 이 두 가지 위대한 업적은 난센이 마지막 눈을 감던 그 순간까지도 그가 꿈꾸었던 일들이었다. 하지만 해양학, 해양생물학, 극지방 탐험에 대해 그가 남긴 위대한 업적은 무언가를 처음 해낸 그 이상의 의미를 지니는 일들이었다. 발전과 진보를 위해 위험을 기꺼이 무릅쓰려했던 한 위대한 인간의 상징으로서, 프램 호는 오늘날까지 오슬로의 박물관에 보존되고 있다.

까밀로 골기

이탈리아 사람인 까밀로 골기Camillo Golgi, 1843~1926는 파비아 대학에서 의학을 공부했으며, 의사 면허를 받은 후에는 세인트 마테오 병원에서 수년간 일했다. 1872년에 병원의 의학과장이 되었고, 그때부터 신경계를 연구하기 시작했다. 1881년 파비아 대학의 일반병리학과장으로 선임된 뒤부터는 환자를 상대로 직접 의술을 행하지 않는 대신 의학 연구에 여생을 바쳤다.

그의 초기 연구는 말라리아 같은 열병을 일으키는 기생충을 관찰하는 것에서부터 시작되었다. 중요한 업적은 말라리아의 종류를 정확히 구분하는 기술을 개발한 것이다.

골기는 세포 내 구조를 보다 선명하게 관찰하는 데 꼭 필요한 기술을 발명했다. 이 기술은 당시 흑색반응 혹은 은 염색기법이라고 불렸다. 1906년 이 기술을 이용하여 신경계 구조를 연구한 공로로 노벨 생리의학상을 받았다. 훗날 그의 공적을 기리기 위하여 세포 내의 작은 소기관에 골기체라는 이름이 붙여졌다. 계속된 연구를 통해 후대의 과학자들은 골기체가 세포 내 물질을 바꾸고 다른 곳으로 전달하는 역할을 담당한다는 사실을 밝혀냈다.

연 대 기

1861	10월 10일, 노르웨이의 수토-프론에서 출생
1882	바이킹 탐사를 다녀오고 베르겐 박물관의 관리인으로 임명
1886	베르겐 박물관에서 논문 〈중추신경계의 조직학적 요소들의 구조와 결합〉을 발표하고 프리엘 금메달을 받음
1887	독일과 이탈리아를 방문
1888	무척추동물의 중추신경계에 대한 논문으로 크리스티아나 대학에서 박사 학위 받음. 7월 17일, 5명의 동료와 함께 그린란드의 동해안 근처에서 제이슨 호에서 내림. 8월 16일에 그린란드를 횡단하는 여행을 시작하여 10월 3일 그린란드의 서해안 고탑 마을에 도착
1889	노르웨이로 돌아와 크리스티아나 대학의 관리자로 부임
1893	6월에 프램 호를 타고 북극으로 출발
1895	북극점으로 여행을 시도하기 위해 프램 호에서 떠난 뒤 4월 7일, 요한슨과 함께 최북단에 도달하는 기록을 세움

1896	노르웨이로 돌아와 크리스티아나 대학의 동물학과장으로 발령
1900	크리스티아나 북해연구국제연구소장 임명
1900~06	여섯 권의 노르웨이 북극 탐사(1893~96)에 대한 보고서 출판
1908	크리스티아나 해양학회장 선임
1913	시베리아 횡단 여행
1920	국가연맹League of Nations의 첫 노르웨이인 대표 사절

당대에 윌리엄 비브의
해저 탐사는 한 편의
동화에 불과했지만,
기술력의 진보는 그의
동화를 사실로 만들었다.

바다 속을 들여다본 신인류,

윌리엄 비브

심해 생명체 탐험

"어디를 가장 가고 싶니?"

이런 질문을 받는다면, 어떻게 답을 할까? 아마도 "우주"라고 대답하는 사람이 가장 많을 것이다. 개중에는 도시로부터 멀리 떨어진 외딴 숲, 어느 누구에게도 발견되지 않은 깊은 동굴, 무인도 혹은 바다 속 깊은 곳이라고 대답하는 사람도 있을 것이다.

오늘날 우주선과 인공위성을 통해 조금씩 우주의 베일이 벗겨지고 있다. 이렇게 과학기술이 발전했지만, 아직 미지의 세계로 남아 있는 곳이 있다. 바다 속 깊은 곳, 바로 심해다. 하지만 이처럼 어두운 장막 너머에서 비밀을 드러내지 않고 있는 바다 속 세계도 잠수 기술이 발달하면서 차츰 밝혀질 것이다.

그 첫걸음은 윌리엄 비브라는 과학자에 의해 시도되었다. 그는 텅 빈 강철로 만들어진 잠수 기구를 타고 바다 속으로 내려가 심해의 깜깜한 어둠 속에서 새롭고 신비로운 해양 생물 수백 종을 발견했다.

비브는 철새 전문가로서 과학자의 길에 들어섰지만, 심해 탐사에 대한 경험을 글로 남겨 대중적인 인기를 얻었다.

바~보
켁켁켁

어릴 때부터 야생생물에 흥미를 보이다

그 아이는 영특하고 건강했다. 공부를 잘했고, 육체적으로도 매우 활동적이었다. 그토록 남성적인 그 아이에게 조금은 어울릴 것 같지 않은 취미가 하나 있었다. 아니, 단순히 취미라고 하기엔 그 일에 대한 열정이 너무나도 뜨거웠다. 아이는 새의 노랫소리를 듣기 위해 야외로 달려 나갔고, 눈에 띄는 야생화의 이름을 알고 싶어 했으며, 나비를 쫓아 헤매었고, 새의 둥지를 찾아 나무에 오르기도 했다. 아이는 약간 유별나 보이는 이 일에 온통 정신이 팔려 있었다. 그는 고등학교를 졸업하기도 전에 나비발바리라는 특이한 새에 관해 관찰한 내용을 〈하퍼의 젊은이〉라는 잡지에 실을 정도로 새에 대해 아는 것이 많았고 글 쓰는 솜씨도 뛰어났다. 아이의 이름은 찰스 윌리엄 비브였다.

비브는 1877년 7월 29일에 뉴욕 브루클린에서 태어났다. 아버지인 찰스 비브는 벽지나 장판지 등을 파는 상점을 운영했다. 어머니 헨리에타는 아들의 모든 것을 이해해 주었다. 단란하고 행복

한 가정이었지만 슬픔도 있었다. 비브의 동생이 태어난 지 15개월 만에 죽고 말았던 것이다.

비브가 어릴 적에 가족은 뉴저지의 이스트 오렌지로 집을 옮겼다. 비브는 애쉬랜드 초등학교에 다녔고, 이스트 오렌지 고등학교에 들어가기 전에 원래 이름에서 찰스를 빼고 윌리엄 비브로 이름을 바꾸었다. 이후로 4년 동안 라틴어를 공부하고 2년 동안 독일어를 공부했다. 그리고 자연과학의 여러 과정을 밟아 나갔다. 이미 어린 시절부터 자연을 너무나도 사랑했기에 자연과학은 비브에게 놀랍고도 재미있는 학문이었다.

고등학교를 졸업한 후에는 명문대학인 컬럼비아 대학에 진학했다. 대학에서 다양한 수업을 듣고 여러 강의에 참여했지만 끝낸 학사 학위는 받지 못했다. 그 대신 비브는 그가 앞으로 해 나갈 일을 도와주게 될 소중한 사람들과 인연을 맺었다. 컬럼비아 대학 교수이자 미국 자연사박물관의 관리자를 맡고 있던 고생물학자 헨리 페어필드 오스본도 그중의 한 사람이었다. 오스본 교수는 뉴욕 동물학회(현재의 야생동물보존협회) 창립자 중의 한 사람이었고, 1895년에는 이 단체의 회장을 맡았다. 이 단체는 1899년 동물원을 개원하기도 했는데, 현재 뉴욕에서 가장 유명한 브롱크스 동물원이 바로 그곳이다.

1899년 10월, 윌리엄 비브는 동물원의 조류 담당 부관리자로 고용되었다. 이곳에서 근무하는 동안 그는 대학에서 마치지 못한 정규 과정을 의욕적으로 채워 나갔다. 이전에도 그의 글이 여러 편의 인기 잡지에 실린 적이 있었지만, 이제는 〈사이언스〉, 〈AUK〉와 같이 유명한 과학학술잡지에 글을 신게 되었다. 1902년 그는 관리자로 승진했고, 보다 넓은 새장을 짓기 위해 일반인을 상대로 모금활동을 벌였다. 그해에 비브는 메리와 결혼식을 올렸다.

야생에서의 모험

1903년부터 이듬해 겨울까지 비브와 메리 부부는 함께 멕시코를 여행했다. 미국 토착종이 아닌 멕시코의 새로운 생물 표본을 찾아내어 수집하는 것이 여행의 목적이었다. 아내 메리는 여행을 하는 동안 비브가 글 쓰는 것을 도왔다.

메리는 이전에 말을 타 본 적이 없었지만, 모험가의 아내답게 비브와 마찬가지로 말을 타고 답사할 곳을 돌아다녔다. 며칠 동안 천막 신세를 지면서 산간 오지를 헤매고 다니며 갖은 고생을 했지만 메리는 불평하는 법이 없었다. 메리 그녀도 글재주가 뛰어나서, 1905년에 비브가 《멕시코의 조류 애호가》를 쓸 때 큰 도움을 주었다.

비브는 주로 야생 지대에서 생물을 채집하는 데 시간을 보냈고, 그 과정을 글로 써서 남겼다. 그 결과물 가운데 하나가 《새의 형태와 기능》이라는 책이었다. 이 책은 《멕시코의 조류 애호가》에 이어 1906년에 출판되었지만, 사실상 그가 쓴 첫 책이었다. 비브는 이 책을 스승인 오스본 교수에게 바쳤다. 같은 해에 출판된 《태양의 일지》는 재미있고 독특한 구성으로 일반 독자들에게도 큰 인기를 누렸다. 이 책은 일 년 동안 한 주일씩, 총 52개의 단원으로 구성되어 있었다. 시적인 문장으로 가득 찬 이 책은 생명과학에서부터 기상학에 이르기까지 광범위한 주제들을 담은 수필로 이루어져 있었다. 그리고 1910년에는《1908년의 베네수엘라 북동부 탐사와 1909년 영국령 기아나Guiana(오늘날의 Guyana)를 여행한 야생탐사》라는 제목의 책을 공동으로 출판했다.

비브는 외국의 여러 곳을 탐사하면서 발견한 새로운 새들을 자신이 근무하는 동물원으로 가져왔다. 베네수엘라에서 14종, 영국령 기아나에서 51종 등 모두 합하여 280종에 달했다. 이때 가져온 새들 중에 호아친이라는 새가 있었는데, 이 새는 새끼 때 나무에 기어오르기 편하도록 날개 끝에 발톱이 달려 있는 특이한 종류였다.

비브는 1909년부터 동아시아에 퍼져 있는 20종 이상의 공작새 서식지를 연구하기 위해 아내와 여행을 했다. 하지만 20개국 이상을 돌아다니는 동안 그들의 부부생활은 원만하지 못했다. 결국 비브 부부는 1913년 1월, 11년간의 결혼생활을 뒤로하고 헤어지고 말았다.

이후로 비브는 스스로 비용을 부담하며 5년 동안의 동아시아 여행을 마쳤다. 그리고 마침내《공작새에 관한 보고서》(1918~1922)를 출판했다. 이 지독하게 비싼 4권짜리 책은 단 600부만 인쇄되었다. 재미있는 점은, 이 책에 실린 방대한 지식과 정보들은 박물학자와 같은 전문가와 학자들을 사로잡을 만큼 충분히 매력적이었지만, 그뿐만 아니라 책에 실린 공작새의 아름다운 사진과 스케치로 인해 화가들 사이에서도 매우 인기가 있었다는 사실이다. 이 책에는 공작새에 관한 일반적인 정보, 공작새의 서식지와 분포 지역, 생태에 관한 설명, 살아가는 모습 등이 총망라되어 있었다. 과학자로서는 드물게 비브는 글 솜씨가 매우 뛰어났다. 때문에 그의 책을 읽은 사람들은 비브가 느꼈던 모험과 탐험의 감동을 생생하게 전달받을 수 있었다.

이 시리즈의 첫 번째 책은 1918년에 출판되었지만 미국이 독일에 선전포고를 하는 바람에 나머지 3권은 전쟁이 끝날 때까지 출판을 미루어야 했다. 어떤 이유에서였는지는 알려지지 않았지만, 당시 마흔이 다 된 비브는 군대에 자원입대했다. 입대 후 그는 미국군이 아니라 프랑스 공군으로 복무했으며, 이때 비행술을 익혔다. 이후에는 다른 군인들을 가르치는 교관으로서 임무를 수행했다. 그리고 1년 뒤 미국으로 돌아왔다. 그동안 전장에서 겪었던 경험들은 비브의 글을 더욱 윤택하게 해 주었다.

1926년과 1927년, 이전에 출판되었던 4권짜리 공작새에 관한 보고서를 더욱 쉽게 풀어서 쓴 요약본이 출판되었다. 《공작새가 사는 숲과 생활사와 보금자리》라는 제목이 붙은 이 책은 일반 대중을 겨냥한 것이었다. 이 책은 읽는 재미를 줄 뿐만 아니라 교육적인 내용과 함께 비브의 실제 경험까지 담겨 있었다. 몇몇 과학자들은 대중을 겨냥한 비브의 저서들을 비웃으며, 진정한 과학자는 그렇게 잡스러운 글을 쓰서는 안 된다고 비판하기도 했다. 심지어 그들 중 일부는 비브의 책 속에서 많은 부분이 과장되었다고 법정에 고소하기까지 했다. 하지만 비브는 이에 개의치 않았다. 그는 일반 대중들이 보다 더 과학과 친숙해야 한다고 생각했기 때문에 자신의 작업을 멈추지 않았다. 그리고 자신의 전공 분야를 연구하면서 축적한 결과물들을 과학적 논문으로 발표하는 것도 게을리 하지 않았다.

시간을 앞으로 되돌려서, 5년 동안의 공작새 탐사 여행에서 돌아온 1915년, 비브는 곧바로 더 많은 표본을 수집하기 위해 브라질로 여행을 떠났다. 동물원을 찾는 사람들이 보다 새롭고 신기한 동물을 보기 원했기 때문이었다. 브라질에서 비브는 다양한 종류의 생물을 수용하기에는 공간이 협소했음에도 불구하고 커다란 계수나무 한 그루 아래에서 여러 종류의 생물이 다양하게 살고 있다는 것을 발견했다. 이를 통해 비브는 여러 지역을 돌아다니는 것보다 한정된 한 지역을 집중적으로 연구하는 것이 더 나을 수 있다는 사실을 깨달았다. 이후로 그는 몇 평방미터밖에 안 되는 좁은 지역에도 76종류의 조류와 500종류가 넘는 생물들이 살고 있음을 발견했다. 브라질 열대에서의 이 경험은 비브의 관심사를 조류에서 열대 생물로 옮겨놓는 결정적인 역할을 했다.

열대 생물 연구

1916년, 비브는 남아메리카 북동쪽에 있는 영국령 기아나의 조지타운 근처에 첫 번째 열대를 연구하기 위한 연구소를 설립했다.

비브의 탐사 경로

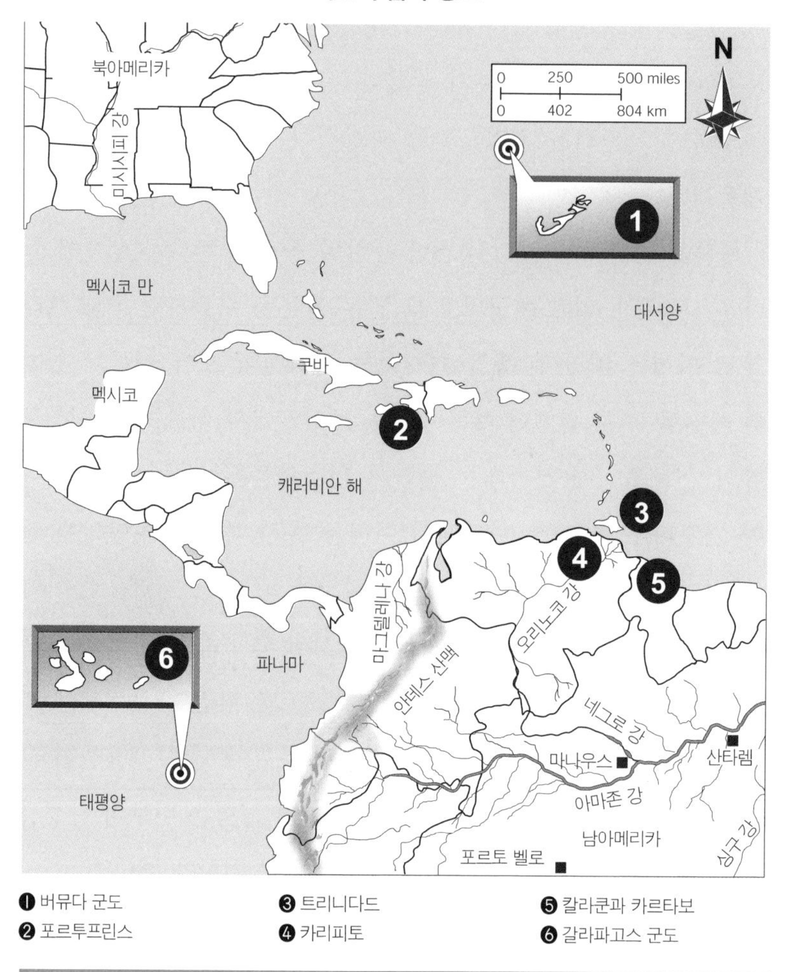

❶ 버뮤다 군도 ❷ 포르투프린스 ❸ 트리니다드 ❹ 카리피토 ❺ 칼라쿤과 카르타보 ❻ 갈라파고스 군도

뉴욕 동물학회의 열대 지역 탐사팀장이었던 비브는 열대 생물의 표본을 수집하기 위해 광범위한 지역을 조사했다.

연구원들은 전갈, 타란툴라 거미, 흡혈박쥐들과 거의 동거하면서 지내다시피 했다. 비브는 여기에서 지내는 동안 281종의 새를 발견하여 각각의 특징을 기록하고 정리했다. 뉴욕 동물학회는 비브와 이 연구소 출신의 두 과학자가 이룬 발견을《영국령 기아나의 열대 야생동물》(1917)이라는 책으로 출판했다. 이 책은 큰부리새, 파충류와 거의 흡사한 새인 호아친 그리고 땅에 사는 티나무스에 대하여 기술하고 있다. 비브는《평화로운 정글》(1918)이라는 책에 이 내용을 다시 실었다. 이 책에는 미국 대통령 루즈벨트가 서문을 써 주기도 했다.

프랑스의 전쟁터에서 돌아온 후, 비브는 조류 담당 부서의 명예 관리자가 되었다. 1922년부터 동물학회에서는 열대 연구소를 만들어 비브에게 책임을 맡겼고, 이 일은 비브가 은퇴할 때까지 계속 수행했다.

1923년 봄, 비브는 그동안 고대해 왔던 갈라파고스 **군도**를 여행할 수 있었다. 그는 노마라는 배 위에서 거의 두 달을 지낸 동안 갈라파고스 섬에서는 100시간 정도만 머물렀다. 섬에 사는 흉내지빠귀는 사람을 보고도 달아나지 않고 오히려 가까이 달려와 비브에게 즐거움을 주었다. 그곳의 모든 야생동물들은 사람을 거의 본 적이 없기 때문에 사람을 두려워하지 않았다. 이러한 동물들의 모습은 비브를 매료시켰다. 특히 새와 강치, 이구아나에 푹 빠졌다.

> **군도** 바다에서 섬이 한 줄로 늘어서 있는 것 혹은 그런 섬들이 모여 있는 바다.

그는 갈라파고스 주변에 살고 있는 생물들이 같은 종인데도 섬마다 여러 가지 다양한 모습을 갖게 된 이유가 무척 궁금했다. 그의 이러한 궁금증은 다윈의 진화론과 맥락을 같이하는 것이었다. 노마 호를 산호초에 정박시키고 잠수를 할 때는 61센티미터나 되는 곰치에게 공격을 당하기도 했지만, 새들이 둥지를 먼저 차지하기 위해 나뭇가지를 무기 삼아 싸우는 광경을 보며 즐거워하기도 했다.

하지만 열대 생물에 관한 연구를 계속하기 위해 비브의 연구원들이 기아나로 돌아왔을 때는 주변 환경이 많이 달라져 있었다. 전쟁 물자로 고무나무가 무더기로 잘려나간 숲은 더 이상의 예전의 숲이 아니었다. 파괴된 환경 속에서 숲의 생태 역시 변해 버렸던 것이다. 비브와 연구원들은 어쩔 수 없이 쿠이우니 강과 마자루니 강이 만나는 장소로 연구소를 이전했다. 비브는 이곳에서 《밀림의 가장자리》(1921)와 《밀림 시대》(1925)와 같은 책을 썼다. 이 책들은 밀림 생명체의 생태에 관해 초점을 맞추고 있다. 그의 관심사가 바뀐 것이다. 이러한 사실을 설명해 주는 것으로 1926년에 비브가 발표한 논문을 들 수 있다. 이 논문의 내용은 조류를 다룬 것이 아니라 발가락이 3개인 나무늘보에 관한 것이었다.

액투루스 호 탐사

탐사 여행에서 수집한 동식물 표본을 가지고 뉴욕으로 돌아온 후, 비브는 곧장 액투루스라는 증기 요트를 타고 다시 모험을 떠났다. 그의 관심사는 이제 해양학, 특히 해양의 생물에 관한 것으로 바뀌어 있었다. 그는 **사르가소 해**의 남쪽, 버뮤다 동쪽 그리고 태평양 연안에서 갈라파고스 쪽으로 올라가는 **훔볼트 해류**를 연구하기로 계획을 세웠다.

사르가소 해 북대서양의 서인도제도와 아조레스 사이에 위치하는 해역. 바다 조건이 매우 조용하며, 대형 해조류 들이 바다 표면에 떠 있는 특징이 있음.

훔볼트 해류 남태평양 아열대 순환의 일부로서 페루 해안을 따라 적도 쪽으로 흐르는 한류.

1925년 2월, 6개월간의 탐사를 예정으로 그는 브루클린을 떠났다. 그러나 운이 나쁘게도 폭풍 때문에 사르가소 해는 탐험할 수 없었고, 훔볼트 해류도 찾을 수가 없었다. 하지만 불운을 겪는 동안에도 귀중한 정보를 많이 수집했기에 전혀 성과가 없었던 것은 아니었다. 탐험에 나서고 5주가 지난 뒤에 액투루스 호는 수리를 하기 위해 파나마의 셔먼 항에 정박했다.

수리를 끝낸 액투루스 호는 다윈 만에 닻을 내리고 탐험과 표본 수집을 했다. 이곳에서 비브는 바다 밑바닥을 관찰하기 위해 구리로 만든 잠수 헬멧을 처음으로 사용했다. 헬멧에 연결된 가죽 관을 통해 배 위에서 풀무질을 해서 공기를 공급했기 때문에 장시간 잠수를 할 수가 있었다. 비브는 예전에 본 적이 없는 희귀한 해양 생물을 수집하고 물속에서 생물들이 살아가는 모습을 관찰했다. 필요한 경우에는 실험실로 표본을 가져와 해부를 하기도 했다.

액투루스 호가 다윈 만에 정박해 있는 동안, 비브와 승무원들은 갈라파고스 군도에 있는 알베말 섬에서 화산이 폭발하는 장면을 우연히 목격했다. 비브는 화산을 더욱 가까이에서 보기 위해 배

를 화산이 있는 방향으로 몰았다. 비브는 배 위에서 멀찍이 화산을 바라보는 것만으로는 만족할 수 없었다. 그는 조수 한 명을 데리고 배에서 내려 한창 폭발을 일으키고 있는 화산 쪽으로 나아갔다. 하지만 그는 화산 기체와 연기에 질식해서 쓰러지고 말았다. 겨우 목숨을 구해 배로 돌아온 그는 심한 탈수 상태에 빠졌다가 조금씩 회복되었다. 다시 9주일 정도가 지난 뒤에 비브는 화산에서 흘러나온 시뻘건 용암이 푸른 바닷물로 흘러드는 장관을 보게 되었다. 바닷물의 온도가 갑자기 치솟자 죽은 물고기들이 수면에 떠올랐다. 물고기들에게는 화산에서 분출된 가스도 치명적이었다. 어떤 물개 한 마리는 뜨거워진 해수를 피하기 위해 섬으로 기어올랐다가 실수로 용암 속에 빠지기도 했다.

비브는 그의 사후, 1981년에 출간된《액투루스 호의 모험》에서 다음과 같이 말하고 있다.

> 나는 어머니 대지의 동맥이 바다로 쏟아져 나오는 곳을 관찰했다. 바위가 녹은 용암이 흘러나와 피가 되고 살이 되어 갈라파고스는 다시 태어나고 있다.

1925년 6월, 갈라파고스를 떠날 무렵에 비브는 수많은 연구 결과물을 얻을 수 있었다. 늘 그랬던 것처럼 그는 과학적인 논문을 작성하는 한편 일반인들이 관심을 가질 만한 이야기를 쉽게 풀어서 쓰는 작업도 병행했다. 사람들은《갈라파고스: 세상의 끝》과《액투루스 호의 모험》을 통해 비브의 탐험을 간접적으로 경험할 수 있었다.

당시 대부분의 과학자들은 갈라파고스 군도의 섬들이 오랫동안 해저에서 분출된 뜨거운 마그마가 식으면서 차곡차곡 쌓여 만들어졌다고 믿었다. 하지만 비브는《갈라파고스: 세상의 끝》에서 섬들은 원래 하나로 이어진 땅덩어리였지만 시간이 지남에 따라 서로 떨어져 나와 지금의 모습을 갖추게 된 것이라고 주장했다. 그는 또 갈라파고스 군도의 여러 섬에 흩어져 있는 생물의 종들이 원래는 한 종류였으며, 섬이 서로 떨어진 뒤에 각각 다른 환경에 적응하는 동안 제각각 독특한 특징을 가지게 되었다고 설명했다.

비브의 생각은 여기서 그치지 않았다. 그는 갈라파고스 군도의 섬들이 처음에는 대륙과 연결되어 있었을 것이라고 생각했다. 이로써 육지에서 발견할 수 있는 동물이나 곤충과 같은 종류의 것이 섬에서도 발견되는 이유를 설명할 수 있게 되었다. 이전에도 섬과 대륙을 이어주는 육로가 있었을 것이라는 주장이 없었던 것은 아니었다. 그러나 이런 주장의 대부분은 갈라파고스 군도가 현재 가장 가까이 있는 에콰도르와 이어져 있었다는 것으로, 그 범위가 한정적인 것이었다. 액투루스 호를 타고 탐사를 하면서 보낸 2년 동안 비브는 육지의 생물체가 머나먼 섬에서도 발견되는 수수께끼에 대해서 어느 정도 해답을 얻을 수 있었다.

액투루스 호를 타고 탐사를 하는 동안 비브는 갈라파고스 섬과 코코스 섬, 중앙아메리카 대륙 사이의 중간 지점에서 조사 정점을 정하고 정선 관측을 실시했다. 정선 관측이란 배를 바다의 한 지점에 떠내려가지 않도록 닻으로 고정시켜 놓고 매 시간마다 여러 가지 연구를 수행하는 것을 말한다. 비브는 정선 관측을 통해 플랑크톤을 채집하고, 해저 바닥을 트롤로 끌어 생물을 잡고, 바닷물의 온도를 측정하는 등 많은 일을 했다. 그는 10일 동안 정선 관측을 한 후에 놀라운 사실 몇 가지를 발견했다. 이 기간 동안 그는 136종의 물고기와 50종 이상의 **갑각류**를 수집했는데, 어떤 종류의 물고기는 오직 낮에만 해수 표면에 나타나는 반면 몇몇 종류는 오직 밤에만 해수 표면에 나타

갑각류 기본적으로는 수중 생활을 하며 아가미가 있고 물로 호흡하는 절지동물이다. 게, 가제, 새우 등이 여기에 속한다.

났다. 이러한 발견은 해양생물학자들에게는 매우 귀중한 정보였다. 이 정보를 바탕으로 특정한 종류의 물고기를 잡을 수 있는 시간대를 알게 되었기 때문이다. 또한 비브는 형광 빛을 내는 물고기가 있다는 사실도 알아냈다.

아이티와 버뮤다 탐사

액투루스 호 탐사가 끝난 뒤 탐사단은 뉴욕으로 돌아갔다. 하지만 비브는 수집된 자료를 정리하기 위해 남았다. 그는 해양 생물에 점차 빠져들었다. 그는 보다 더 심층적인 연구를 해야 한다는 필요성을 느꼈다. 비브의 의견은 받아들여졌고, 뉴욕 동물원은 아이티를 탐사하는 데 필요한 루테넌트 호를 제공했다.

비브와 탐사단은 곧장 포투프린 만으로 향했다. 해양 생물 시료를 채취하고 정리하기 위한 본부는 루테넌트 호 위에 설치되었다. 이번 탐사의 목표는 아이티 해의 물고기를 수집하고 산호초를 탐사하는 것이었다. 비브는 이 탐사에서 얻은 연구의 결과물을《열대 바다 아래》(1928)이라는 책으로 묶었다. 1928년, 동물학회는 비브의 연구를 바탕으로 270가지에 이르는 목록을 만들었고, 이를 보충하여 1934년에는 324종의 목록을 발표했다.

산호초의 생태를 연구하기 위해 비브는 300회가 넘게 잠수를 했다. 그는 산호초의 다양한 생태를 관찰한 결과, 생태적 지위에 따라 산호초를 여러 그룹으로 나누었다.

1927년 아이티에 있는 동안, 비브는 신문사와 영화 제작소에서 작가 일을 하는 엘스워스 테인을 만나 결혼했다. 비브는 당시에 쓴《열대 바다 아래》를 자신의 젊은 아내에게 바쳤다. 비브는 탐사 여행을 할 때면 아내와 동행했지만, 각자의 일을 할 때는 떨어져 지내기도 했다.

1928년, 비브는 버뮤다의 논스치 섬에 대한 연구를 하기 위해 영국 정부로부터 허가를 얻었다. 중요 조사 지역의 지름은 13킬로미터였고, 수심은 1,829~2,438미터에 이르렀다. 그 후 11년간 비브의 연구는 심해 잠수를 포함하여 대부분 이 지역에 집중되었다. 목적은 심해에 사는 물고기를 연구하는 것이었다. 비브와 그의 조수 티이반은 1933년에《버뮤다의 연안 어류 연구집》을 출판했다. 그들은 트롤, 드렛지와 같은 방법을 이용하여 해양 생물을 잡았다. 그러나 곧 비브는 이러한 방법에는 한계가 있다는 사실을 깨달았다.

비브는 단순한 호기심이나 미지의 세계에 대한 도전 때문이 아니라 연구를 위해 잠수 헬멧을 사용한 최초의 인물이었다. 하지만 잠수 헬멧에는 기술적으로 해결해야 할 문제가 남아 있었다. 그때까지 잠수함의 잠수 기록은 수심 107미터였고, 단단한 금속 잠수 장비를 착용한 잠수부의 기록은 수심 160미터였다. 잠수 헬멧을 이용했을 때 사람은 최고 수심 45.7미터에서 약 3분 정도 잠수할 수 있을 뿐이었다. 비브는 해저 탐사에 새로운 방법이 개발되어야 한다는 필요성을 절실하게 느꼈다.

잠수구

1926년, 비브가 해저 생물을 직접 관찰하기 위해서 원통 모양의 잠수 장치를 설계하고 있다는 기사가 신문에 보도되었다. 이 일은 오티스 바톤이라는 한 젊은 남자의 시선을 사로잡았다. 바톤은 하버드 대학에서 공학을 전공한 뒤에 컬럼비아 대학의 대학원에서 자연사를 공부하고 있었다. 그는 특수하게 설계한 잠수선으로 대양을 탐험할 꿈을 가지고 있었다.

1926년의 신문 기사를 본 수많은 사람들이 해저 탐사에 비브와 동행하기를 원했다. 하지만 그들 대부분은 역량이나 일정한 수준을 갖추지 못한, 열정만 가진 아마추어들이었기 때문에 비브는 이들을 무시했다. 바톤 역시 비브가 무시한 수많은 아마추어들 중의 한 명이었다. 바톤은 여러 차례 시도한 끝에 1928년 드디어 비브와 대면할 수 있었다. 그는 비브에게 잠수구에 대한 청사진을 제시했다. 바톤의 제안은 여러 가지 면에서 비브의 구미를 당겼다. 우선 바톤의 설계가 매우 독창적이었다. 뿐만 아니라 그는 조부에게서 물려받은 유산으로 잠수구의 건조 비용을 대겠다고 제안했다. 비브에게는 바톤의 제안을 물리칠 이유가 하나도 없었다. 비브는 그 자리에서 바톤에게 손을 내밀었다.

잠수구의 주요한 특징은 대양의 심해에서 발생하는 엄청난 압력을 견뎌낼 수 있다는 것이다. 수심이 10미터 내려갈 때마다 1제곱인치당 6.6킬로그램의 압력이 가해진다. 따라서 914미터 깊이에 도달하면 7,000톤 이상의 압력이 발생하게 된다. 바깥을 보기 위해 만드는 조그만 창문 역시 약 19톤의 압력을 받게 되므로, 만약 약간의 실수만 있어도 잠수구에 탄 사람은 1초도 안 되는 시간 안에 압사당하고 만다.

첫 번째 만든 잠수구는 무게가 5톤이었다. 이것을 배에 싣고 운반하기에는 너무 무거웠다. 없어서는 안 될 장치들만 남겨놓고 부수적인 부분은 모두 떼어내고 나자, 무게는 4.5톤으로 줄었고 내부 공간은 약간 넓어졌다. 이렇게 만들어진 잠수구의 바깥 직경은 145센티미터였고, 두께는 3.8센티미터였다. 반지름 36센티미터의 입구는 성인 남자가 간신히 비집고 들어갈 수 있을 정도였고, 문은 10개의 볼트로 고정되었다. 3개의 창문이 있었는데 그중 2개는 너비가 20센티미터에 두께가 7.6센티미터로, 석영으로 만든 원형 유리로 되어 있었다. 세 번째 창문은 막혀 있었다. 그리고 잠수구의 아랫부분에 나무로 만든 4개의 다리를 부착하여 받침대 역할을 하도록 했다.

잠수구 내부에는 습기를 흡수하기 위한 염화칼슘과, 호흡을 할 때 배출되는 이산화탄소를 흡수하기 위한 소다 석회가 있었다. 물론 호흡을 하기 위한 산소탱크도 준비되어 있었다. 공기를 순환시키기 위한 부채도 마련되어 있었다. 모선과 연락하기 위해 3.8센티미터 굵기의 전선이 잠수구의 꼭대기에 연결되어 있었다. 잠수구를 물속으로 내리고 올리는 데 필요한 1,000미터 길이의 강철 케이블 자체의 무게만도 1.8톤에 달했다. 그리고 모선의 갑판 위

에서 이것을 작동하기 위하여 증기압으로 작동하는 3개의 권양기가 설치되었다.

1930년 6월초에 무인 잠수 시험이 행해졌다. 첫 번째 시험은 통신선이 서로 꼬이는 바람에 엉망이 되고 말았다. 몇 번의 시행착오 끝에 최초의 유인 잠수는 6월 6일에 강행되었다. 하지만 잠수구의 몸체에 바닷물이 새어 들어왔다. 수심 91미터에 이르러서는 통신 전선이 끊어지기도 했다. 하지만 이러한 악조건 속에서도 비브와 바톤은 수심 244미터까지 도달했다.

시험 잠수를 하는 동안 비브는 심해를 처음으로 관찰했다. 그를 가장 놀라게 한 것은 바다 깊은 곳의 바닷물 색깔이 수면 근처에

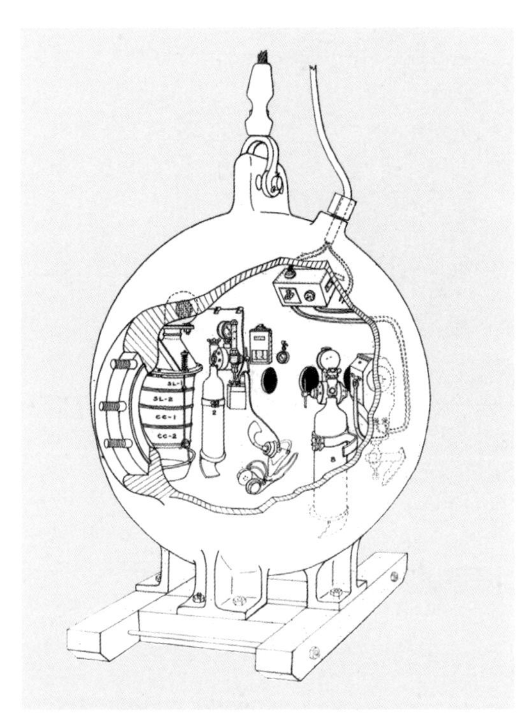

잠수구는 심해의 고압에서 견디면서 해양 생물을 탐사하기 위하여 커다란 공과 같은 모양을 하고 있었다.

서 보던 것과는 다르다는 점이었다. 수면 근처에서 바닷물은 밝은 녹색을 띠는 것에 비해 깊은 바다에서는 파란 녹색, 옅은 파란색, 검정이 많이 섞인 파란색으로 바뀌었다.

6월 10일, 비브와 바톤은 다시 잠수를 시도했다. 그러나 수심 76미터 지점에서 다시 통신선이 끊어졌다. 배의 승무원들은 그 즉시 잠수구를 끌어올렸다.

손상을 입은 통신선의 윗부분 91미터를 자른 뒤 다음 날 세 번째 잠수를 했다. 수심 1미터씩 내려갈 때마다 관찰한 내용을 통신선을 통해 배 위로 전달하면서 천천히 가라앉았다. 비브는 어류를 분류하는 데 경험이 많았으므로 눈으로 목격한 장면들을 제대로 설명할 수 있었다.

무엇보다 비브를 기쁘게 한 것은, 그물로 해양 생물들을 어획할 때는 대부분이 죽어 있었지만 이제는 살아서 헤엄치는 생물을 볼 수 있게 되었다는 사실이었다. 새로운 생물들을 발견한 것도 큰 수확이었다. 비브와 바톤은 수심 435미터까지 내려간 뒤에 다시 수면으로 올라갔다. 바톤은 그해 가을 이 잠수구를 뉴욕 동물원에 기증했다.

그로부터 2년 뒤 잠수에 대한 역사는 새로 쓰였다. 이번에는 세계의 이목이 집중되었다. 1932년 9월의 일요일, 미국 방송사 NBC는 오후 생방송으로 이 잠수 계획을 편성했다. 악천후 때문에 몇 번 계획이 연기되었고, 실패가 거듭되었다. 스무 번째 시도에서 드디어 성공적으로 잠수를 했다. 이 사실은 모선에 타고 있던 아나운서 글로리아 홀리스터의 목소리를 타고 퍼져나가 전 미국인을 흥분으로 달아오르게 만들었다. 영국 방송사 BBC는 단파 라디오로 이 내용을 생생하게 중계했다.

이번 잠수를 통해 새로운 사실이 발견되었다. 수심 518미터에서 모든 빛이 사라졌다. 수심이 깊어짐에 따라 형광색을 띠는 물고기의 수가 증가했다. 그들은 기록적인 수심인 671미터 지점에서 잠시 머문 뒤 다시 수면으로 향했다. 수면으로 향하는 동안 길이 1.8미터에 달하는 새로운 물고기 종을 발견하고는 그 즉시 '잠수구 물고기'라는 이름을 붙였다. 물고기의 이빨이 빛을 냈고, 몸체 주위로는 후광이 빛났다고, 비브와 바톤은 주장했다. 하지만 훗날 사람들은 비브와 바톤이 실제로 살아 있는 한 마리의 물고기를 본 것이 아니라 작은 물고기 떼를 보고 착각한 것이라고 생각했다.

그리고 실제 심해에서 얼마나 큰 압력이 작용하는지 알아보기 위해 바닷가재 한 마리를 잠수구에 매달아 두었다. 비브는 압력 때문에 터진 바닷가재의 살점이 심해어를 잠수구 쪽으로 유인할 것이라고 예상했다. 하지만 비브의 예상은 보기 좋게 빗나갔다. 바닷가재는 수천 톤의 수압에서도 살아남았고, 비브의 수족관으로 돌아간 뒤에도 멀쩡했다. 단단한 금속으로 만든 잠수구도 견디기 힘든 수압을 해양 생물들은 견딜 수 있었던 것이다.

이듬해, 잠수구는 시카고에서 열린 세계 박람회에 전시되었다. 미국 국가지리학회[NGS]는 비브에게 다시 한 번 잠수구를 이용하여 심해 잠수를 할 수 없느냐고 제안했다. 학회는 아무런 대가 없이 순수하게 비브의 잠수를 재정적으로 후원할 계획이었다. 훗날 그는 당시 학회의 요구에 응한 것은 잠수 기록을 갱신해 달라는 요구가 없었기 때문이었다고 고백했다.

심해 잠수 기록이 새로 작성된 것은 1934년 8월 15일이었다. 기록은 수심 923미터였다. 이후 15년 동안 이 기록은 깨어지지 않았다. 이 기록적인 잠수에서 비브는 심해 지역에서는 발광 물고기의 숫자가 훨씬 많아지고, 덩치가 큰 생물이 많았다고 기록했다.

1934년 발간된 《영원한 밤으로의 잠수》라는 책에 이때 느꼈던 비브의 감명이 잘 표현되어 있다.

> ……그러나 나는 안도하며 푹 고꾸라졌다. 머리를 강철 벽에 부딪쳐 잠시 아찔했지만, 그래도 단 1초도 빠뜨리지 않고 뚫어지게 창문 밖을 바라보았다. 잠시 잠수구가 출렁하고 떠오른 순간, 발광 물고기 떼가 지나가고 지금껏 본 적이 없는 생물이 나타났다. 수심은

600미터였다. 나는 모선에 멈추라고 소리를 치고는 내가 방금 본 것을 다시 기억해 내려고 애썼다. 둥그스름하고 길며 높은 세로지느러미, 큰 눈, 중간 크기의 입, 작음 가슴지느러미를 가진 물고기였다. 겉은 분명히 갈색이었다. 왼쪽으로 약간 틀어서 물고기에 빛을 쏘이자 고기의 숨겨진 아름다움이 비로소 나타났다. 몸통의 옆면에 말할 수 없을 정도로 아름다운 빛깔을 지닌 선이 다섯 개 그어져 있었는데, 하나는 가운데, 그 위로 2개의 곡선, 그리고 그 아래에 또 2개의 곡선이 쌍을 이루고 있었다. 각 선에는 엷은 노란 빛이 겹겹이 보였다. 이들 각각은 빽빽하게 박힌 작은 보랏빛 발광체가 감싸고 있었다.

내 얼굴 정면에서 물고기는 천천히 옆으로 돌면서 자신의 좁은 옆구리를 슬쩍 보여 주었다. 이 장면은 내 평생 살아가는 동안 본 것 중 가장 사랑스러운 장면이 될 것이다.

또 다른 책 《반 마일 깊이 저 아래에서》에 표현한 구절 또한 심해의 진정한 어둠을 경험하면서 비브가 느낀 놀라움이 잘 나타나고 있다.

며칠 전 잠수할 때 본 830미터 깊이의 바닷물 색깔은 전에 생각했던 것보다 훨씬 더 검게 보였다. 그런데 오늘 보니 검정색보다 더 검어 보인다. 육상의 모든 밤들보다 더 검은빛을 가지고 있으니, 이제 육상에서의 밤은 초저녁 빛이라고 해야 하지 않을까? 이제 땅 위에서는 검다는 표현을 더 이상 쓸 수 없을 것 같다.

잠수구를 이용한 심해 탐험은 잠수 기록을 세우고 알려지지 않았던 종들을 찾아냈다는 점뿐만 아니라, 해양학자들로 하여금 해저 연구에 대한 새로운 방법을 제시했다는 점에서 가치를 지닌다. 비브는 심해로 직접 잠수하여 살아 있는 생물을 눈으로 직접 관찰하는 것은 심해 저인망이나 드렛지로 잡은 죽은 물고기를 대상으로 연구하고 상상하는 것과는 차원이 다르다고 강조했다. 진정한 연구는 자연 환경 속에서 살아 있는 생물을 관찰하면서 행해져야 한다는 점에 대해서도 목소리에 힘을 주었다.

어떻게 보면 비브의 심해 탐사를 통해 해양에 대한 궁금증은 더욱 증폭되었는지도 모른다. 관해파리(고깔해파리를 포함하여)와 같은 생명체는 심해에서는 살아 있는 형태로 아름다운 모습을 띠었지만, 수면으로 가져왔을 때는 흐물거리는 살덩어리로 변해버렸다. 비브가 목격한 발광 물고기들의 정체에 대해서도 알아낼 수가 없었고, 거대한 물고기에 대해서도 밝혀내지 못했다.

비브가 심해 잠수 기록을 세운 이후로 더 이상 잠수구는 쓰이지 않았다. 비용이 너무 많이 들었고, 모선과 케이블로 연결되어 있는 한 잠수할 수 있는 깊이에도 한계가 있었다. 비록 923미터까지 잠수하기는 해저면을 관찰하는 데에도 어려움이 많았다.

비브는 자카라고 하는 요트에서 해양학 연구를 계속했다. 얕은 수심에서 잠수 헬멧을 여전히 사용했다. 그는 환갑이 지난 나이에도 스물다섯 때와 마찬가지로 열정적이었다. 육십을 넘긴 그는 1938년 4월에 마지막 항해를 했다.

2차 세계대전 동안, 비브는 버뮤다 근처에서 연구를 계속할 수 없어서 베네수엘라의 까리피토에서 밀림을 연구했다. 그의 마지막 책은 1942년에 출간된《만에 관한 책》이었다. 그 책에서 비브는 인류의 위협에 노출되어 있는 자연 생태계의 위기에 대한 우려를 드러냈다.

1945년에는 베네수엘라 란쵸그란데에 연구소를 설립했고, 1950년에는 트리니다드의 아리마 계곡에 연구소를 설립하고 '심라'라고 불렀다. 그는 사비로 이 땅을 사들여 겨울 동안 이곳에서 머물렀다. 1952년 은퇴한 그는 이 땅과 붙어 있는 200에이커의 방대한 땅을 뉴욕 동물원에 단돈 1달러를 받고 양도했다. 사실상 기증을 한 것이었다. 그리고 그는 1955년 자신이 45년 전에 관심을 기울였던 공작새에 대해 다시 연구를 하기 위해 동아시아로 마지막 여행을 떠났다.

모범적인 업적

비브는 정신력이 강한 사람이었지만, 생애 마지막 3년 동안은 건강이 악화되어 고생을 많이 했다. 젊었던 시절처럼 동물원 주위에서 자전거를 타고 방문객들을 안내할 만한 기력이 남아 있지 않았다. 뉴욕의 추위를 견딜 수 없었던 그는 10월에서 5월까지는 트리니다드의 '심라'에서 지냈다. 육체적으로 점점 약해졌고, 말도

느려졌다. 그는 마지막까지 입버릇처럼 "놀라운 자연 현상을 본 충격으로 심장이 멎어 죽고 싶다"고 했지만, 결국 그를 죽게 만든 것은 폐암이었다. 1962년 6월 4일이었다.

연구소 심라는 이후 윌리엄 비브 열대 연구소라고 이름이 바뀌었지만 그 후에 아사 라이트 연구센터로 다시 이름이 바뀌었다. 축구장 크기만 했던 브롱크스 동물원의 새장은 1972년 더욱 크게 확장되었다. 그가 사용했던 잠수구는 현재 뉴욕 수족관에 전시되어 있다.

살아 있는 동안 비브는 환상 속에서나 가능할 것 같은, 터무니없는 해저 생물 이야기 때문에 많은 비판을 받았다. 하지만 수년 뒤 수중 촬영기술이 발달하면서 비브의 이야기가 거짓말이 아니라는 사실이 증명되었다. 따라서 그는 마침내 수백 종에 달하는 해양 생물의 신종을 발견한 과학자로 기록될 수 있었다.

비브의 과학적 기록과 논문들은 수많은 동물학 단체의 간행물과 학술잡지에 실렸다. 24권에 달하는 그의 저서들은 아직도 독자들의 마음속에 영원히 살아 있다. 그가 쓴 책을 읽고 감명을 받은 독자 중에는 레이첼 카슨과 실비아 얼도 있었다. 이 두 사람은 비브의 뒤를 이어 해양학의 새로운 역사를 쓰게 된다.

비록 비브가 개발한 것은 잠수 헬멧과 잠수구에 불과했지만, 비브는 자신이 개발한 기구로 해저 탐사의 길을 열었고, 인류가 이전에 가 보지 못한 곳을 탐험하면서 후배 과학자들에게 모범이 되었다.

바티스카프 잠수정

1933년 시카고 국제박람회에 수소 기체가 가득 찬 기구가 잠수구 바로 옆에 전시되었다. 일 년 전 스위스의 물리학자인 아우구스트 피카드(1884~1962)는 곤돌라에 압축 공기를 주입한 기구를 단 채 약 16킬로미터 상공까지 올라가는 신기록을 수립했다. 상공에서 대기 중 전기 현상, 방사능과 우주광선에 대한 자료를 수집하기 위해 아찔할 정도의 높이까지 올라간 피카드는 이후로 바다로 관심을 돌렸다. 그는 바티스카프라는 잠수정을 고안했다. 바티스카프는 승무원이 탑승하는 공간과 헵탄이 가득 찬 공간으로 분리된 구조로 되어 있었다.

최초의 무인 시운전은 실패로 끝났다. 그러자 피카드의 아들인 자크(1922~)가 교사직을 팽개치고 자신의 아버지를 돕기 위해 나섰다. 1953년 그들은 트리스트란 이름의 잠수정을 타고 지중해에서 3.2킬로미터까지 잠수했다. 1934년 비브와 바톤이 세운 기록보다 3배나 깊이 잠수한 것이었다.

1958년, 미 해군이 트리스트를 사들였다. 자크는 1960년 트리스트를 몰고 태평양 마리아나 해구에서 11킬로미터까지 잠수했다. 피카드는 중간 깊이의 바다까지 잠수할 수 있는 잠수정을 따로 고안했다.

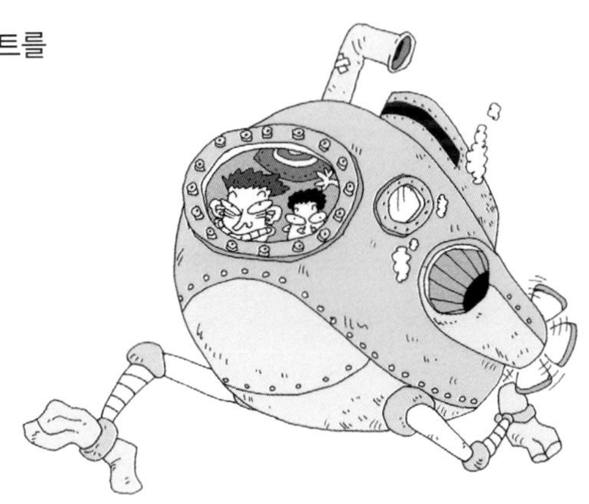

연 대 기

1877	뉴욕 브루클린에서 7월 29일 출생
1896~99	컬럼비아 대학 재학
1899	동물원현 뉴욕 브롱크스 동물원에서 조류의 부관리자로 임명
1902	동물원의 조류 관리자로 임명
1905	첫 번째 책《멕시코의 조류 애호가》 출판
1906	첫 번째 과학적인 저술,《새의 형태와 기능》 출판
1908~09	트리니다드, 베네수엘라, 영국령 기니아로 여행
1909~11	동아시아의 공작새 연구
1916	영국령 기니아의 칼라쿤에 뉴욕 동물원의 첫 열대 연구소 설립
1917~18	1차 세계대전 동안 프랑스 공군에서 복무
1918~22	《공작새에 관한 보고서》 4권을 출판
1925	잠수 헬멧을 사용하여 갈라파고스와 그 주위의 야생 생물들을 연구함
1927	아이티 주위의 물고기를 연구

1928	터프 대학과 콜게이드 대학에서 명예박사 학위를 수여 받았으며《열대 바다 아래》를 출판
1930	6월 6일, 바톤과 함께 잠수구를 타고 수심 244m까지 잠수. 6월 11일, 435m까지 잠수
1932	미국 방송사 NBC가 버뮤다에서의 심해 잠수를 생방송
1933	시카고 세계박람회에 잠수구 전시. 티반과 함께《버뮤다의 연안 물고기들의 연구집》 출판
1934	8월 15일, 바톤과 함께 수심 923m까지 잠수 기록 수립
1942	베네수엘라에서 밀림 연구를 계속하며《만에 관한 책》을 출판
1945	베네수엘라의 까르피토에 밀림 연구소를 개설
1950	트리나다드의 아리마 계곡에 심라 연구소를 설립. 이는 훗날 윌리엄 비브 열대 연구소로 개명되었고 지금은 아사 라이트 연구센터로 개칭
1962	84세의 나이로 6월 4일 사망

해양학에 물리학,
화학, 지질학,
생물학 분야의 지식을
이식함으로써 그는 진정한
해양학의 길을 열었다.

바다 연구의 지평을 넓힌 해양학의 아버지,

헨리 비글로

Henry Bigelow
(1879-1967)

복잡한 해양생태학

인류의 역사 전체를 아우르는 시간보다도 19세기의 후반 50년 동안에 해양에 대한 정보가 더 많이 수집되었으며, 역사에 남을 만한 해양 탐사의 결과, 바다의 생물 · 물리 · 지질 · 화학적 지식은 크게 향상되었다.

헨리 브라이언 비글로는 해양학이라는 이 새로운 학문에 우연히 빠져들었다.

비글로는 20세기의 선구적인 해양학자였으며, 미국 동북부 메인 만에 대한 본격적인 해양 조사를 한 최초의 사람이었다. 그는 엄청난 양의 정보를 수집했을 뿐만 아니라, 해양을 제대로 연구하기 위해서는 물리학, 화학, 생물학적 지식이 동원되어야 한다는 점을 깨달았고, 여러 학자들에게 이 점을 강조했다. 그는 해양 연구를 할 때 다양한 문학이 연계되어야 한다는 필요성 때문에 우즈홀 해양연구소를 설립했고, 이 연구소는 이후로 75년간 미국 해양학의 메카가 되었다.

해양생물학에 남긴 공헌을 기리기 위해 오늘날의 과학자들은 그는 '해양학의 아버지'라고 부르고 있다.

우즈홀 해양연구소 미국 동해안 보스턴 근처의 우즈홀이라고 하는 소도시에 위치한 사립 해양연구소, 미국 서해안 샌디에이고에 있는 스크립스 해양연구소와 함께 100년 이상의 역사를 가진 세계적인 연구소이다.

부르르…
물리
생물학
지질학
풍덩~
해양학풀

새 연구에서 바다 연구로

비글로는 미국 매사추세츠 주 보스턴에서 1879년 10월 3일, 은행가인 조셉과 메리 사이에서 태어났다. 어린 시절, 그는 종종 가족과 함께 유럽 여행을 했고, 야외활동과 스포츠에도 관심이 많았다. 그의 가족은 매사추세츠 주의 코아셋이라는 항구 마을에서 여름철을 보냈다. 비글로는 1896년 밀턴아카데미 고등학교를 졸업한 뒤 보스턴 자연사박물관에서 파트타임으로 일하면서 매사추세츠 공과대학MIT에서 학위 과정을 밟아 나갔다. 1897년에는 하버드 대학에도 함께 등록하여 4년 후에 우등으로 졸업했다. 훗날 말년에 쓴 회고록에서 그는 대학 시절에 사회적인 활동을 많이 하지 못했다고 고백했지만, 그는 그 시기에 인생의 방향을 결정하도록 영향력을 끼친 사람들을 만날 수 있었다.

공부를 하던 초기에 그의 관심을 끈 것은 조류였다. 그는 새를 연구하기 위해 캐나다의 뉴펀들랜드와 래브라도 지방으로 여행을 다녀오기도 했다. 미국 솜털오리(부드러운 털을 가진 북쪽 바다의 오리)에 대한 첫 과학 논문인 〈버지니아에 사는 미국 솜털오리에 관한 연구〉는 그가 아직 대학에 재학 중이던 1901년에 권위 있는 학술잡지 〈AUK〉에 발표되었다. 다음 해에 보다 학문적 깊이가 있는 논문인 〈래브라도의 북동쪽 해안의 조류〉 또한 〈AUK〉를 통해 발표되었다.

1901년, 그는 하버드 대학의 교수이자 비교 동물학 박물관[MCZ]의 관장이었던 알렉산더 아가시와 함께 인도양의 스리랑카 해안에 있는 몰디브의 섬들을 조사하는 연구 사업에 참여했다. 비글로의 임무는 연구팀이 채집한 해파리와 관해파리를 운반하는 것이었다. 비글로는 즐거운 마음으로 현장 조사에 임했으며, 해양 무척추동물에 대한 관심을 갖게 되었고 생물종들을 분류하는 기초를 배울 수 있었다. 이렇게 기초를 쌓아나간 그는 1904년과 1909년 몰디브의 해파리에 관한 논문을 발표함으로써 실력 있는 해양생물학자로 이름을 날리기 시작했다.

1904년과 1906년, 비글로는 하버드 대학에서 동물학 석사 학위와 박사 학위를 각각 받았다. 비글로의 박사 학위 논문의 주제는 '거머리말이나 해조류 촉수를 이용하여 흡착하여 서식하는 히드라충의 핵주기'였다. 이러한 세포학 연구를 하면서 비글로는 실험실 연구의 필요성을 더욱 절실하게 느꼈다.

메인 만 연구

박사 학위를 받은 후, 비글로는 하버드 대학의 비교동물 전시관에 조교 자리를 얻었다. 이때 해저면의 생물을 연구한 스코틀랜드 출신 해양학자인 존 머레이와 만나게 되면서 그는 아직 학계에서 한 번도 연구하지 않았던 메인 만을 연구하기로 마음먹는다.

1912년부터 메인 만에 대한 연구가 시작되었다. 이 연구에는 미국 수산청의 조사 선박인 그람푸스 호가 동원되었으며, 12년 동안 지속적인 연구 활동이 펼쳐졌다. 비교동물 전시관과 미국 수

산청이 이 연구를 공동으로 지원했다. 이 연구조사 작업은 매우 광범위한 지역에서 실시되었고, 이전에는 시도하지 않았던 새로운 방법이 동원되었다.

비글로는 메인 만 해역에서 바다에 연관된 모든 것을 연구했다. 그는 해양 생물을 채집하기 위하여 10,000번 이상 그물을 이용하여 예인작업을 했고, 해류를 연구하기 위해 1,000개 이상의 **표류병**을 흘려보냈으며, 해수와 온도, 염분을 측정하기 위해 수백 군데의 장소에서 조사 작업을 펼쳤다.

비글로는 이러한 작업을 수행하는 동안 점차 어류와 **강장동물**에 대한 전문가가 되었다. 강장동물이란 좌우 대칭형의 주머니 같은 몸체와 하나의 내부 공간을 가진 무척추동물로, 말미잘, 해파리, 히드라충과 같은 해양 생물이 여기에 속한다.

표류병 해류의 속도와 방향을 추정하기 위하여 바다에 띄우는 병.

강장동물 몸이 외피와 내피 두 층으로 되어 있다. 해면이 여기에 속한다.

메인 만에 대한 비글로의 연구 결과는 1924년 〈메인 만의 물리 해양학적 연구〉와 〈메인 만 외해의 플랑크톤〉과 같은 기념비적인 보고서를 통해 발표되었다. 플랑크톤에 대한 연구에서 비글로는 먼 바다에 사는 동물 플랑크톤을 **분류**했을 뿐만 아니라 플랑크톤의 생태적인 역할, 지리적 분포, 계절에 따른 변화와 이동 경로, 그리고 가장 많이 서식하는 수온의 범위 등에 관하여 상세히 기술했다. 비글로는 훗날 이 조사에 대하여 "해양에 관하여 알려진 것이 거의 없다는 것이 내게는 큰 행운이었다"라고 회고했다. 이 조사와 연구를 하는 동안 비글로는 세포학과 동물학에 대한 자신의 관심을 해양학으로 돌렸고, 바다에서 일어나는 규칙적인 법칙을 이해하기 위해서는 우리가 알고 있는 모든 자연과학의 지식을 동원해야 한다고 주장했다. 그는 일생 동안 자신의 이러한 신념을 동료 과학자와 과학도들에게 지속적으로 설파함으로써 해양학이 보다 넓은 범위로 확대될 수 있는 길을 닦았다.

분류학 생물 간의 자연적 상관관계를 바탕으로 동식물을 나누는 학문. 생물계를 문門, 강綱, 목目, 과科, 속屬, 종種의 단계로 나누고 이들의 상호 관계나 계통 분화를 연구한다.

시간을 조금 거슬러 올라가서 1919년으로 돌아가 보자. 당시 비글로는 미육군 수송선인 암피온 호에서 항해사 직무를 수행하기 위해 메인 만에 대한 조사를 잠시 중단할 수밖에 없었다. 이때 그는 국제 유빙 감시기구를 위하여 미국 해운협회, 미국 해상보안청과 함께 일을 했다. 이 일을 하면서 비글로는 플랑크톤의 부유, 해수면 온도와 염분 등을 조사함으로써 유빙의 분포를 미리 예측할 수 있었다. 이때 얻은 **수로학**에 관한 지식은 결과적으로 그가 앞으로 연구를 해 나가는 데 있어 큰 도움을 주었다. 그리고 비글로는 1921년 하버드 대학의 교수로 임용되었다.

수로학 바다, 호수, 강물과 관련된 수온, 염분, 밀도 분포 등을 다루는 학문.

어떠한 일을 수행하더라도 자신의 과학적 견지를 잃지 않았기에 그는 보다 넓은 학문의 영역으로 나아갈 수 있었고, 그에 따른 영예를 누릴 수 있었던 것이다.

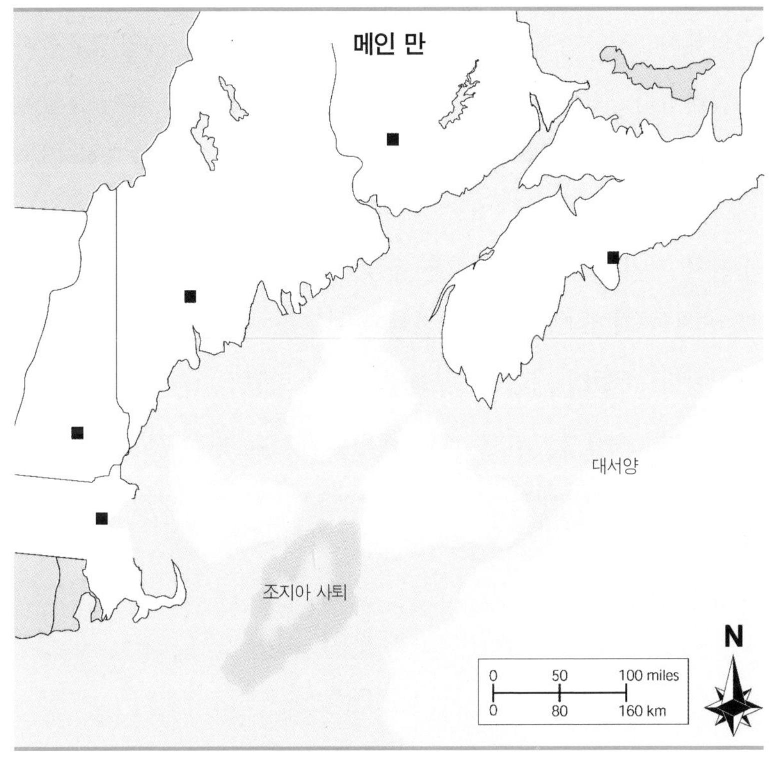

메인 만은 미국 매사추세츠 주의 뉴잉글랜드 지역, 뉴햄프셔 주, 메인 주와 캐나다에 속하는 뉴부룬스윅 주와 노바스코시아 주와 접하고 있다. 총 넓이는 93,000평방킬로미터이며, 해안선의 길이는 12,000킬로미터에 달하고, 약 5,000여 개의 섬이 이 거대한 해역에 속한다.

바다의 복잡한 생태

1929년, 미국 국가과학위원회 해양학 분야의 책임자였던 비글로는 〈해양학의 범위, 문제, 경제적 중요성, 연구 현황과 발전 방향〉이라는 보고서를 작성했다. 이 중요한 보고서는《해양학, 그것의 범위와 문제들, 그리고 경제학적 중요성》(1931)이라는 책으로도 출간되었다. 이 책에서 비글로는 해양학을 새롭게 떠오르는 학문 분야로 묘사했고, 이러한 점을 3개의 주요한 소단위 용어들로 정의했다. 해양지질학, 물리 · 화학해양학 그리고 해양생물학이 그것이었다. 그는 해양학자들이 이 세 가지 큰 범위 속에 포함된다고 보았고, 현재 해양학의 현황을 설명했다. 더욱 중요한 것은 미국에서 해양학을 연구하는 데 있어 가장 장애가 되는 것이 어떤 것이며 여기에 대한 해결책은 무엇인가를 제시했다는 점이다. 그의 이러한 제안에 근거하여 설립된 연구소가 바로 우즈홀 해양연구소이다. 록펠러 재단은 이 연구소가 설립될 당시 300만 달러를 기부했다. 록펠러 재단은 샌디에이고의 스크립스 해양연구소를 비롯하여 워싱턴 대학, 버뮤다 생물학연구소 등에도 재정적 지원을 아끼지 않았다.

우즈홀 해양연구소와 하버드 대학

비글로는 1930년부터 1939년까지 우즈홀 해양연구소의 초대

소장을 역임했다. 그는 매일 연구소의 안팎을 돌면서 연구원들과 접촉했고, 적어도 일 년에 한 번씩 연구원들이 현장 조사를 할 수 있기를 바랐다. 그의 이러한 바람을 실현하기 위해 해양 조사선 아틀란티스 호가 건조되었다.

비글로는 해양학 분야에 대한 경험 유무를 따지지 않고 저명한 생물학자, 화학자, 지구물리학자들을 연구소로 불러 모으는 등 재능과 실력을 겸비한 과학자들을 끌어들이려는 노력을 아끼지 않았다. 오늘날 우즈홀 해양연구소는 독립적인 해양학 연구소로는 전 세계에서 가장 규모가 큰 연구소로, 해양학 연구와 교육에 큰 역할을 담당하고 있다. 1940년, 비글로는 우즈홀 해양연구소의 소장을 사임했다. 하지만 그는 그 이후로도 연구소 운영회장(1940~1950)과 평의원회 회장(1950~1960)을 지내며 연구소에 머물렀다.

1940년대 초기, 비글로는 아틀란티스 호에서 미국 북동부의 조지아 **사퇴**를 연구했다. 이 지역은 북양 대구가 잡히는 주요 어장이었다. 이 지역의 특이한 점은, 그가 이전에 연구했던 메인만에 비해 식물 플랑크톤의 번성 기간이 길게 유지된다는 것이었다. 비글로는 그 이유를 밝히기 위해 연구에 뛰어들었다.

사퇴 바다 속에 물에 잠긴 모래 둔덕.

1947년, 비글로는 미해군 교육용으로《바다의 풍랑과 풍파 그리고 쇄파》라는 책을 펴냈다. 에드몬슨과 함께 쓴 이 책은 풍파의 물리적 특성, 파도의 크기와 형태, 작은 선박에 파도가 부딪칠 때 어떤 일이 생기는지에 대하여 설명하고 있다.

해양학과 관련한 비글로의 활동은 실로 광범위한 것이었다. 그는 어류학자와 박물학자들이 주로 읽는 학술잡지인 〈북서대서양의 어류〉 1948~1964의 편집장을 지내기도 했다. 그리고 1948년부터 1965년까지 윌리엄 쉬레더와 함께 40편이 넘는 어류학 관련 논문을 썼다. 하버드 대학에서 비글로는 강사, 동물학 부교수, 동물학 교수를 지냈고, 1944년에는 동물학 분야에서 알렉산더 아가시 추모 교수로 선정되었다. 그는 1950년 하버드 대학의 명예교수로 교육계에서는 공식적으로 은퇴를 했지만, 사망할 때까지 비교동물 전시관의 직원으로 근무했다. 이뿐만이 아니다.

1960년에 비글로는 농담조로 하버드 대학의 총장에게 말했다.

"대학에 이렇게 오랫동안 근무했는데, 대학은 저에게 무엇으로 보상해 줄 것인가요?"

그러자 대학의 총장은 그에게 버번위스키 한 병을 선물로 주었다.

비글로는 매사추세츠 주 콩코드에 있는 자신의 집에서 1967년 12월 11일 영면에 들었다. 메인 만 서부 츠베이 항구의 해양학 연구소가 그랬던 것처럼, 우즈홀 해양연구소의 연구실 하나도 그의 이름을 따고 있다. 1970년 미국 내무부는 메인 만 안에 있는 작은 만 하나에 비글로의 이름을 붙였다.

해양학의 선구자로서 비글로는 여러 해양 생물의 행태에 관한 엄청난 자료를 만들었고 메인 만에 대한 광범위한 연구를 수행하여 큰 학문적 성과를 이루었다. 비글로가 연구를 시작하기 전까지 이 지역에 대한 자료는 가끔 발견되는 동물에 대한 목록, 군데군데 수심이 표시된 **수심도**, 그리고 미완성인 채로 남아 있는 해류도 등이 전부였다.

> **수심도** 바다의 수심이 표시되어 있는 지도.

비글로는 해양학자들이 바다에서 일어나는 현상을 제대로 이해하고 설명하기 위하여 생물, 화학, 물리, 지질 등 서로 이질적인 학문 간의 연관성을 찾아 함께 연구해야 한다고 강조했다. 타 학문 간의 연계를 통해 보다 뛰어난 성과를 거두기 위한 노력은 21세기에도 계속되고 있다. 알프레드 레드필드는 미국 국가과학위원회에 제출한 글에서 비글로의 업적에 대해 회상했다. 여기에 그 글의 일부를 소개한다.

> 비글로는 해양학을 보다 발전시키기 위한 리더가 너무나도 절실히 필요했던 시기에 나타난 진정한 리더였다. 그가 의도했든 의도하지 않았든, 그는 이미 리더로서의 자질을 갖추고 있었고, 여러 가지 기초과학 분야를 두루 적용함으로써 해양학을 보다 발전시킬 수 있다는 새로운 아이디어를 제시함으로써 해양학의 비약적인 발전에 크게 기여했다. 비글로는 전통적인 교육 방식의 틀에 갇혀 있었음에도 불구하고 새로운 학문의 흐름에 민감하게 반응하여 미래의 비전을 제시했으며, 또한 자신의 생각을 실현시키고자 하는 강한 의지를 지니고 있었다.

알렉산더 아가시

비글로를 해양학의 세계로 이끈 사람은 전 세계에서 선구적인 해양학자로 인정을 받고 있던 스위스계 미국인 학자 알렉산더 아가시(1835~1910)였다. 아가시는 과거에 대빙하기가 존재했다는 사실을 증명한 저명한 동물학자이자 지질학자인 루이스 아가시의 아들이었다. 알렉산더는 1855년 하버드 대학을 졸업했지만 공학을 공부하기 위해 대학에 남았다. 그는 부친이 재직하고 있던 대학교에서 잠시 동안 여성을 대상으로 강의하기도 했지만, 곧 채광 기술자가 되어 캘리포니아로 떠났다.

1860년 케임브리지로 돌아온 알렉산더는 자신의 부친이 수집한 방대한 동물 표본을 보관하기 위해 설립된 하버드 비교동물 전시관에서 조수로 일했다. 이후로 그는 펜실베이니아 석탄 광산에서 일하기도 했고, 슈페리어 호수의 구리 광산을 관리하는 한편 유럽의 유명 박물관들을 돌아다니며 여행을 즐겼다.

1874년, 부친이 사망하자 알렉산더는 부친의 후임으로 하버드에서 일했다. 이곳에서 근무하는 동안 그는 수많은 동물 표본을 수집했으며, 사임할 때까지 하버드 대학의 특별 연구원이자 관장으로 근무했다. 그리고 알렉산더는 하버드 대학과 박물관을 위하여 총 150만 달러의 기부금을 얻어내 학교와 박물관 발전에 큰 기여를 하기도 했다. 또한 그는 와이빌 톰슨 경을 도와서 〈챌린저 보고서〉 가운데 극피동물에 관한 보고서를 쓰기도 했다.

알렉산더 아가시가 해양 생물을 본격적으로 연구하기 시작한 때는 1877년이었다. 이때부터 그는 해양의 여러 곳으로 탐사를 나서서 15만 킬로미터 이상을 여행했고, 드렛지와 트롤 등 해양 생물을 채집하기 위한 장비를 고안

하기도 했다. 해양 생물을 채집하기 위한 장비를 고안하는 일에는 그의 공학적인 지식이 큰 도움이 되었다.

또한 그는 해류가 해양 표층에 사는 플랑크톤의 성장에 중요한 영향을 미친다는 결론을 이끌어냈다. 그리고 심해에 사는 생물은 해양 표층에서 아래로 가라앉은 먹이에 의존한다는 사실도 보여 주었다. 한편 생태 환경이 매우 유사하다는 점에 착안하여, 현재 대서양의 서쪽에 있는 캐리비안 해는 과거 태평양에 속했던 만이었지만, 백악기를 지나는 동안 남아메리카와 북아메리카 대륙이 합치는 바람에 분리되었다고 주장했다.

백악기 중생대를 구성하는 3개의 시대 중 마지막 시대로서 쥐라기와 신생대 제3기 사이에 위치한 지질시대. 1억 3,600만 년에서 7,600만 년 사이에 해당한다.

알렉산더는 해양 생물에 관한 소책자와 보고서를 발표하고 기사를 작성하는 등 자신의 지식을 문서로 정리하는 일에도 열정적이었다. 그 가운데 1877년부터 1880년까지 여행하는 동안 모은 자료를 요약하고 545개의 지도, 진귀한 심해생물과 플랑크톤 삽화와 엮어서 낸 《블레이크》는 지금까지도 매우 유명한 책으로 전해지고 있다.

1913년 이후 알렉산더 아가시의 업적을 기리기 위해, 해양학에 지대한 공헌을 한 과학자에게 수여하는 메달에 그의 이름을 붙였다. 비글로는 1931년에 이 메달을 받았다.

연 대 기

1879	매사추세츠 보스턴에서 10월 3일 출생
1896	보스턴 자연사 박물관에서 근무
1897~1901	하버드 대학에 재학
1901	과학 잡지 〈AUK〉에 첫 과학 논문인 〈버지니아에 사는 미국 솜털오리에 관한 연구〉를 발표
1901~02	알렉산더 아가시와 동행하여 몰디브 섬 탐사
1904	하버드 대학에서 동물학 석사 학위 수여
1904~05	아가시와 함께 알바트로스 호를 타고 동태평양 조사에 나섬
1906	하버드 대학에서 동물학 박사 학위를 받고 조교로 근무
1911	관해파리에 관한 유명한 논문 출판
1912~24	메인 만에 대한 본격적인 연구를 시작
1913	비교동물 전시관의 강장동물 관리인을 맡음
1919~23	해양학 연구위원회의 임원을 지냄
1924	메인 만에 대한 12년간의 연구 결과로 〈메인 만의 어류〉, 〈메인 만의 물리적 해양학〉, 〈메인 만 앞바다 해수의 플랑크톤〉 등 3개의 보고서를 발표

1925	비교동물 전시관 연구 관리자로 승진
1927	하버드 대학의 동물학 부교수와 비교동물 전시관 해양학 관리자를 맡음
1930~40	우즈홀 해양연구소의 첫 번째 소장 역임 1931, 하버드 대학의 정교수로 승진. 《해양학, 그것의 범위와 문제들 그리고 경제학적 중요성》 출판
1940~50	우즈홀 해양연구소의 법인회의 회장 1944, 하버드 대학 동물학과의 알렉산더 아가시 추모 교수로 선정 1947, 《바다의 풍랑과 풍파 그리고 쇄파》 출판 1950, 하버드 대학에서 명예교수로 은퇴
1950~60	우즈홀 해양연구소 평의회 회장 역임
1962	비교동물 전시관 회원에서 형식적으로 은퇴하지만 죽을 때까지 봉사
1967	매사추세츠 콩코드의 집에서 12월 11일 사망

> 해양 생물에 대한
> 저스트의 연구는
> 인간 생명 연장의
> 첫걸음이 되었다.

해양학에 생물학을 이식한 선구자,

어니스트 에버렛 저스트

Ernest Everett Just
(1883~1941)

해양 무척추동물 발생학자

1888년, 미국 매사추세츠 주 우즈홀이라는 작은 어촌에 해양생물연구소가 설립되었다(비글로와 같은 학자들의 제안으로 설립된 우즈홀 해양연구소와는 다른 곳이다). 그곳에는 최고 수준의 학생과 교수, 연구원들이 모여 연구를 진행했다. 주변 도시로부터 멀리 떨어진 한적한 시골에 자리 잡고 있어 아무런 방해를 받지 않았기 때문에 연구를 진행하기에는 더없이 좋은 장소였다. 이러한 장점 때문인지 이 연구소는 해양생태계, 신경생물학, 생식생물학 그리고 분자와 진화 등 여러 분야에서 괄목할 만한 업적을 많이 남겼다. 수많은 과학자들이 저스트가 남긴 업적을 해양생물연구소의 입지적 환경 덕분이라고 말할 정도다.

저스트는 인종 차별을 극복하고 선구적인 해양생물학자가 되었다. 그는 훌륭한 과학자였을 뿐만 아니라 뛰어난 교육자이기도 했다. 또한 세포 연구를 통해 살아 있는 생명체의 기능과 활동을 파악했으며, 세포 발생에 있어 원형질이 가지는 역할의 중요성을 밝혀냈다.

원형질 세포 중에서 세포막 이외의 핵과 세포질로 이루어진 부분.

피자
오!
뷰티풀~
꿈틀 ~
꿈틀 ~

교육 기회

어릴 적 저스트는 불우한 환경에서 자라야 했다. 알코올 중독 증세가 심해 직업을 가질 수 없었던 아버지 찰스는 저스트가 겨우 네 살이었을 때 빈털터리로 죽었고, 형제 가운데 여러 명도 고단한 삶의 고개를 넘지 못하고 일찍 세상을 떠났다.

어머니 메리는 남은 아이들을 데리고 사우스캐롤라이나 주 찰스턴에서 거주민의 대부분이 흑인인 세인트 제임스 섬으로 이사했다. 그곳에서 저스트의 어머니는 가족을 부양하기 위해 인을 캐는 광산에서 일했고 집에 있을 때는 재봉 일을 했다. 경제 형편이 어려웠지만 저스트의 어머니는 자신의 아이들뿐만 아니라 배울 기회를 갖지 못한 다른 아이들을 교육시키기 위해 노력을 아끼지 않았다. 훗날 마을 사람들은 그녀의 헌신적인 희생과 노력을 기리기 위해 마을을 메리빌Maryville(메리의 마을)이라고 불렀다.

저스트는 살아남은 형제들 가운데 가장 나이가 많았다. 그 역시 아직 어린아이에 불과했지만, 요리와 청소, 빨래 등 집안일을 도

맡아 했고, 동생들을 돌보는 일도 게을리 하지 않았다. 어려운 집안 형편 때문에 낙담할 때가 많았지만, 저스트는 절대 불평을 입 밖에 내지 않는 책임감 강한 아이였다.

12살에 프레드릭 데닝 공업학교를 졸업한 저스트는 1896년 학교 교사라는 안정적인 직업을 갖기 위해 사우스캐롤라이나 주 오렌지버그에 있는 농상업학교에 진학했다. 이 학교는 흑인들만 다니는 학교로, 당시의 인종 차별 정책을 단적으로 보여 주었다.

1899년에 저스트는 흑인들만 다니는 공립학교에서 학생들을 가르칠 수 있는 교사 자격증을 받았지만, 열여섯 살밖에 되지 않았기 때문에 교단에 설 수 있는 입장이 아니었다. 그리고 저스트 자신도 교사로 일생을 보낼 생각이 없었다.

저스트는 대학에 진학하고 싶었다. 하지만 그가 다닌 고등학교에서 가르치는 교과 과정만으로는 좋은 대학에 진학할 수가 없었다. 그래서 그는 학습 환경과 평판이 좋은 북부 지역의 고등학교들을 알아보았다. 공부에 남다른 애정이 있었던 저스트는, 흑인으로서는 이례적으로 뉴햄프셔 메리던에 있는 킴벌 유니온 아카데미에 장학금을 받고 입학할 수 있었다. 하지만 뉴욕까지 가는 뱃삯을 구할 수가 없었다. 하는 수 없이 그는 뉴욕까지 가는 동안 뱃삯을 대신해서 선상에서 잡일을 해야 했다.

킴벌 유니온 아카데미에 다니는 동안 저스트는 학교 신문의 편집장을 지냈고, 웅변에도 탁월한 재능을 보였다. 이 학교에서도 저스트는 학업에 남다른 열정을 쏟았다. 그 결과, 보통 졸업하는 데 4년이 걸리는 고등학교 과정을 3년 만에 마치고, 뉴햄프셔 하노버에 있는 다트머스 대학에 진학했다.

대학에 입학한 초기에 저스트는 다른 학생들과 잘 어울리지 못했다. 학우들 대부분이 공부는 뒷전이고 미식축구에만 열광하는 것 같았기 때문이다. 반면에 저스트는 미래를 준비하기 위해 배우는 데 노력을 기울였다. 아마도 저스트의 이러한 노력은 불우한 환경에서 벗어나고 싶었던 마음에서 비롯된 것인지도 모른다.

2학년 때 난세포의 발생에 관한 글을 읽고 흥미를 가진 후, 저스트는 생물학과 관련된 거의 모든 수업에 참가했다. 그리고 그리스어 수업에서 학년 중 수석을 차지하는 등 고전문학 분야에서도 우수한 성적을 거두었다. 당시 다트머스 대학의 생물학과장이었던 윌리엄 페턴은 저스트의 실력과 열정을 높이 사서 자신이 쓰고 있던 생물학 교과서인《척추동물의 진화》(1912)에서 개구리 배아의 발생에 대하여 서술하는 부분과 책에 들어갈 그림 작업에 참여할 것을 부탁했다.

대학 시절, 저스트는 다트머스 대학의 재학생에게 주는 가장 권위 있는 학문상인 러프스 콜레이트 학술상을 두 번이나 받았으며, 미국 대학에서 역사가 가장 오래된 우등학생들의 모임인 파이 베타 카파에 멤버로 선출되었다. 저스트는 전공인 동물학과 부전공인 그리스어, 역사학에서 학사 학위를 받으며 1907년에 다트머스 대학을 졸업했다.

갯지렁이에 관한 박사 학위 논문

대학을 졸업한 뒤 저스트는 연구직에서 종사하기를 원했지만, 당시에 흑인이 그런 일자리를 얻기란 거의 불가능한 일이었다. 그는 전통적으로 흑인들만 다니는 사립대학인 하워드 대학에서 영어를 가르치는 전임강사 자리를 제안 받고 미국의 수도 워싱턴으로 향했다. 헌신적이고 열정적인 스승 밑에서 배우게 된 학생들은 저스트와의 만남을 큰 행운으로 여겼다.

몇 년 후, 저스트는 동물학과 조직학을 가르치는 생물학과 부교

수로 승진했고, 1912년에는 정교수 자리에 오르며 동물학과장이 되었다.

저스트는 대학 생활의 여러 방면에서 활동적으로 일했다. 대학생 연극 클럽을 조직하고, 흑인 남학생 사교 모임의 지도교수를 맡았다. 훗날, 저스트가 유명한 학자로 명성을 날린 후에도 그는 하워드 대학과의 인연을 계속 유지했고, 이 인연은 그가 죽을 때까지 이어졌다.

저스트는 과거 자신의 지도교수였던 페턴에게 석사 학위를 받으려면 어떻게 해야 할지 상의했다. 이에 페턴 교수는 시카고 대학의 동물학과 과장이자 우즈홀 해양생물연구소의 소장인 프랭크 릴리 박사를 만나도록 주선해 주었다. 이 만남을 통해 릴리는 1909년 여름 기간 동안 저스트가 해양생물연구소에서 자신의 연구 보조원으로 일할 수 있도록 배려해 주었다.

해양생물연구소에서 일하기 시작한 첫 번째 해의 여름, 저스트는 무척추동물학과 발생학 과목을 수강하면서 기초 이론 생물학에 대한 지식을 크게 넓혔다. 그때부터 그는 릴리 박사와 함께 갯지렁이 암컷과 수컷이 만나서 **수정**된 알이 **접합자**(수정란)를 형성하는 과정을 연구했다. 저스트의 열정적인 연구 태도에 크게 감명을 받은 릴리 박사는 저스트가 아직 마치지 못한 박사 학위 과정을 시카고 대학에서 마칠 수 있도록 추천했다.

수정 암컷과 수컷의 배우자인 정자와 난자가 만나 수정란을 만드는 과정.

접합자 수정란. 암컷과 수컷의 배우자가 합쳐져 만들어진 하나의 세포.

갯지렁이의 일종인 네레시스Neresis는 15센티미터까지 자랄 수 있고, 모래나 바위틈, 하구, 개펄 등 바다와 인접한 모든 환경에서 서식하고 있다. 갯지렁이 암수의 생식 방법이 매우 특이하기 때문에 이 생물의 수정 방법을 연구하기란 매우 어려운 일이었다. 이 연구를 위해 사용되는 갯지렁이의 알은 암컷의 몸 밖으로 산란되면 단지 24시간만 생존할 수 있기 때문에 항상 신선한 알을 준비해야 하는 어려움이 있었다.

갯지렁이는 달의 주기에 맞춰 매달 밤에 떼를 지어 이동한다. 저스트는 언제 어디서 손그물과 손전등을 가지고 갯지렁이 암컷을 채집할 수 있는지 잘 알고 있었다.

다모류 강 환형동물문 중 갯지렁이가 포함되어 있는 강.

갯지렁이는 환형동물에 속하며 더 좁게는 **다모류 강**에 속한다. 대부분 바다에 살고 있다. 갯지렁이는 몸 마디마다 호흡과 이동 기능을 하는 한 쌍의 촉수를 가지고 있다.

갯지렁이 암컷이 난자를 바다에 뿌리는 것과 동시에 수컷이 정자를 뿌리면 바다 속에서 난자와 정자가 만나면서 수정이 이루어진다. 저스트는 바다에 웅크리고 있다가 갯지렁이의 수정이 시작되고 나면 바닷물 속에 섞여 있는 수정된 세포들을 재빨리 채집해 실험실로 가지고 가서는 밤을 꼬박 새며 관찰했다. 때로는 수컷과 암컷 갯지렁이를 각각 따로 잡기도 했다.

하지만 자연 상태에서 수정된 알은 구하기도 힘들뿐더러 실험실로 가지고 오는 동안 못 쓰게 되는 경우가 많아서 연구에 어려움이 많았다. 때문에 저스트는 보다 손쉽게 수정란을 구할 수 있는 방법을 연구해야 할 필요성을 절실히 느꼈다.

몇 번의 연구과 실험 끝에 드디어 보다 쉽게 수정란을 구할 수 있는 방법을 알아냈다. 먼저 수컷 갯지렁이를 세척하고 건조시킨 다음 갯지렁이의 몸통을 잘라서 정자 세포들을 꺼내서 모은다. 암컷 갯지렁이는 수컷 갯지렁이가 주위에 있을 때만 난자를 방출하기 때문에 역시 같은 방법으로 암컷 지렁이를 세척한 뒤 해부하여 난자를 꺼낸다. 이렇게 확보한 정자와 난자를 현미경으로 관찰하면서 수정시키면 '인공 수정'이 이루어지는 것이다.

커지는 명성

1911년 저스트는 중요한 발견을 한다.

저스트는 현미경으로 세포의 **난할** 과정을 관찰하고 있었다. 난할은 배아가 발생하는 초기에 일어나는 과정으로, 이때 세포막이 쪼그라들고 여러 차례 세포 분열이 있은 후 둥근 구형으로 바뀌게 된다. 저스트는 **극체**와 함께 정자가 난자의 세포 내로 통과하는 위치가 **난할선**의 위치를 결정한다는 사실을 발견했다. 이 연구 결과는 1912년 과학 잡지 〈생물학 보고서〉에 〈정자의 통과 지점과 난할선의 연관성〉이라는 논문을 통해 발표되었다. 그 뒤 2년 동안 저스트는 갯지렁이의 생식 습관에 관한 2개의 추가적인 논문을 발표했다.

난할 다세포생물의 수정란 세포에서 연속적으로 빠르게 일어나는 세포 분열.

극체 난자가 수정된 후 분할하는 초기에 한쪽 끝에 생기는 소체.

난할선 수정란이 난할을 하는 동안 여러 개의 세포로 분리되는 선.

1912년 저스트는 독일어 교사인 에탤 하이와덴과 결혼했다. 이들 부부는 미국 워싱턴 북서부의 주거지역인 르드루아 파크에 빅토리아 양식의 3층짜리 건물에서 살며 3명의 자녀를 두었다.

새로운 보금자리를 마련했던 그해 여름, 저스트는 록펠러 의학연구소의 생물학자인 자크 로브를 만났다. 로브는 미국 유색인종 협회를 위해 일하는 한편, 흑인 교육, 특히 흑인들이 의학 분야에서 일할 수 있도록 하는 데 헌신한 사람이었다. 그는 '한 해 동안 가장 위대한 업적을 성취한' 아프리카계 미국인에게 주어지는 상에 누구를 추천했으면 좋겠느냐는 제의를 받았을 때, 두말없이 저스트를 내세웠다. 그로 인해 저스트는 스피간 메달을 수상한 첫 번째 인물이 되었다.

스피간 메달을 받은 뒤 저스트는 뛰어난 과학자로 인정을 받기 시작했지만, 앞으로 경력을 더욱 쌓기 위해서는 이학 박사 학위가 필요하다는 사실을 깨달았다. 1915년, 그는 박사 학위를 위해 이수해야 할 몇 가지 과목을 수강하기 위해 아내와 큰딸을 집에 남겨 두고 1년간 시카고에 머물렀다. 릴리는 저스트의 예전 출판물을 박사 학위 논문으로 인정했으며, 저스트는 그다음 해에 시카고 대학에서 동물학 박사 학위를 받았다.

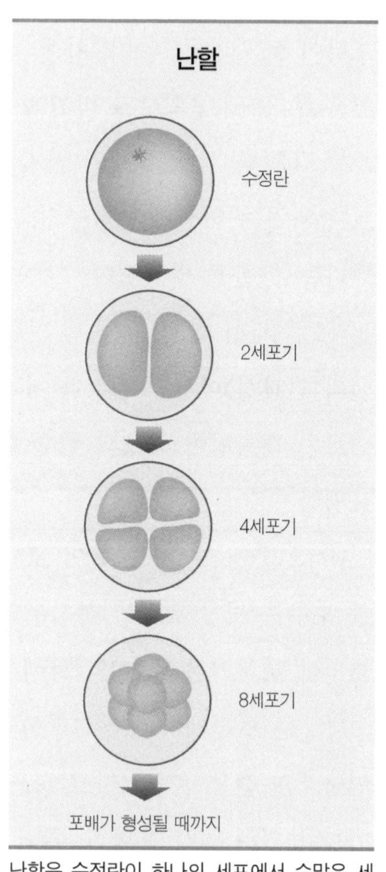

난할은 수정란이 하나의 세포에서 수많은 세포로 빠른 시간 내에 잘게 쪼개지는 과정이다.

박사 학위를 받은 후, 저스트는 자신이 회장을 역임했던 미국 박물학회는 물론, 미국 동물학회, 과학진보학회, 생태학회를 포함한 많은 전문학회의 회원으로 일했다. 이러한 일은 당시 흑인 과학자로서는 보기 드물게 상당한 지위에 올랐음을 말해주는 것이다.

그는 학기 중에는 하워드 대학의 교단에 섰고, 여름에는 우즈홀 해양생물연구소에서 연구 활동을 계속했다. 저스트는 우즈홀 해양생물연구소의 정식 연구원이 된 뒤로는 연구소의 보고서 〈생물학 보고〉의 편집자로 잠시 활동했다. 그리고 이 경험을 바탕으로 〈생리학적 동물학〉, 〈형태학 잡지〉를 포함한 여러 과학 잡지의 보조 편집자로 일하기도 했다.

샌드달러의 수정 과정

1917년부터 1919년까지 저스트는 샌드달러Echinarachmius parma의 수정에 대해서 연구했다. 샌드달러는 극피동물로, 보라성게의 사촌뻘이며 모래밭에 산다. 샌드달러의 정자와 난자가 만나면, 정자와 난자의 세포막이 합쳐져 난자의 **세포질**이 변화하기 시작한다. 이것은 하나의 난자에 2개 이상의 정자가 침입하는 것을 막기 위한 것이다. 저스트는 이 과정에서 일어나는 현상을 〈생물학 보고서〉에 실었다.

이 연구를 통해 저스트는 **처녀생식**에 대

세포질 세포체를 구성하는 원형질 중 핵질 이외의 부분.

처녀생식 단위생식, 단성생식, 단위발생, 단성발생과 혼동하여 사용함. 꿀벌에서는 미수정란으로 성체가 되면 모두 수컷이 되고, 수정란에서 발생하는 것은 모두 암컷이 됨. 이렇게 수정되지 않은 상태로 온전하게 성체가 되는 생식 현상.

한 과거의 학설에 문제점이 있음을 지적했다. 처녀생식이란 일부 하등동물에서 보이는 현상으로, 정자의 수정 없이 난자가 혼자 완전한 성체로 자라나는 것을 말한다. 이전의 학설에 의하면 바늘로 자극을 주거나 매우 짠 물에 난자를 담가 놓으면 정자 없이도 성게와 개구리의 난자에서 발생을 유도할 수 있었다. 그런데 저스트는 과거 학설이 제시한 것과 다른 순서로 난자를 처리해도 수정 없이 난자가 정상적으로 발생한다는 사실을 보여 주었다. 저스트는 이 외의 다양한 방법으로 처녀생식을 유도할 수 있음을 증명했고, 이러한 사실은 과거 학자들의 실험 조건에 문제가 있었음을 지적하는 것이었다.

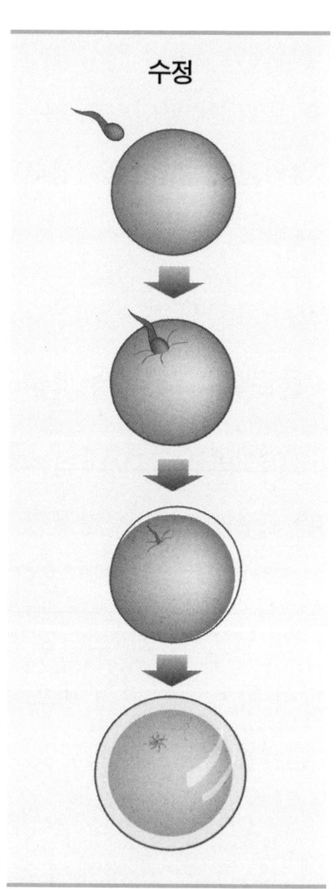

많은 무척추동물에서 정자가 난자에 침입하면 수정란 외부에 수정막이 형성되어 더 이상의 정자가 침입하는 것을 막는다.

저스트는 이즈음에 10년 이상 해양 무척추동물의 생식을 연구해 오고 있었다. 다른 과학자들은 이 분야에서 축적한 저스트의 숙련된 전문적 기술을 매우 높이 샀다. 저스트가 권장하는 방법을 이용하면 정상적으로 발생하는 난자와 비정상적인 난자를 효과적으로 구분할 수 있었다. 이후로 관련 연구자들은 모두 저스트의 연구 방법을 따랐다. 이러한 일들은 저스트가 뛰어난 과학자임을 다시 한 번 증명해 주었다.

특히 릴리 박사는 저스트의 학문적 지식을 매우 신뢰했다. 그는 책으로 출판할 예정이던 자신의 원고 '일반세포학'을 저스트가 수정해 주기를 바랐으며, 자선가인 율리우스 로젠발트 앞에서 저스트를 매우 뛰어난 과학자라고 추켜세우기도 했다. 그날 이후, 로젠발트는 피부색 때문에 저스트가 불이익을 당하고 있다고 생각하고 그의 연구에 재정적인 후원을 아끼지 않았다. 로젠발트의 후원은 1930년대 중반까지 계속 이어졌다. 이에 힘을 얻은 저스트는 연구에만 집중하기 위해 의과대학에서 해 오던 강의를 1920년에 그만두었다.

시간이 흐르면서 저스트는 하워드 대학에서 하는 강의에도 부담을 느끼기 시작했다. 그는 연구에만 전념할 수 있는 자리를 원했다. 하지만 저스트가 아무리 명성을 쌓았다고 해도 인종차별이 극에 달했던 시기에 백인들이 차지하고 있는 연구소의 연구교수직을 꿰차기란 쉬운 일이 아니었다.

인종차별에서 탈출

저스트는 해양생물연구소에서 독창적으로 연구를 계속해 나갔다. 연구에 모든 것을 바치고 싶었던 그로서는 하워드 대학에서

해야 하는 과중한 강의가 큰 부담이 아닐 수 없었다. 이러던 중 저스트는 생의 커다란 전기와 마주치게 된다.

때는 1927년이었다. 여름휴가를 함께 보내기 위해 저스트는 아내와 아이들을 우즈홀로 데리고 왔다. 하지만 아내와 아이들이 우즈홀의 동네에서 끔찍한 인종적 차별을 당하는 것을 목격한 저스트는 큰 충격에 휩싸였다. 스스로 인종차별이라는 커다란 장애를 어느 정도 극복해 왔다는 믿음이 산산조각 나는 순간이었다. 저스트는 가족을 집으로 돌려보내고 해양생물연구소에서의 연구도 중단하고 만다. 하워드 대학에는 연구시설이 없었기 때문에 연구자로서의 저스트는 사실상 중대한 위기를 맞았다.

저스트는 연구를 계속하기 위해 흑인에 대한 차별이 덜한 유럽으로 눈을 돌렸다. 다행히 1929년 나폴리 동물학연구소에서 그를 연구원으로 초빙하여 해양 생물에 대한 실험을 계속할 수 있었다. 그는 미국산 샌드달러를 대상으로 실험했던 방법을 미국산 샌드달러의 사촌격인 유럽의 생물에 적용했다. 하지만 결과가 전혀 다르게 나타났다. 당시 과학자들이 같은 생물종이라고 믿었던 미국과 유럽 갯지렁이의 번식 방법에 큰 차이가 있었던 것이다. 이로써 저스트는 이전에 같은 종이라고 생각되던 갯지렁이를 다른 종으로 구분할 수 있었다.

이후 10년 동안 저스트는 유럽의 여러 연구소에서 연구를 계속했다. 1930년에는 베를린의 유명한 카이저 빌헬름 생물학연구소에서 초빙교수 자격으로 **원생동물**의 외부 원형질의 기능을 연구했다. 미국인으로서 카이저 빌헬름 생물학연구소의 초빙교수가 된 학자는 저스트가 최초였다. 이후로 저스트는 파리 대학의 비교해부학연구소와 소르본 대학의 로스코 해양연구소 등에서 연구했다.

저스트는 유럽의 과학자들로부터 환영받았으며, 유럽의 문화에도 큰 매력을 느꼈다. 자신의 은인인 릴리 박사의 예순 번째 생일을 축하하기 위해 우즈홀에 잠시 들르기는 했지만, 그는 두 번 다시 우즈홀에서 연구를 행하지 않았다. 때로는 강의 또는 행정적인 절차 때문에 하워드 대학에도 가기는 했지만, 그는 늘 해외에 있기를 원했다. 인종차별에 대한 저스트의 충격이 얼마나 컸던지를 단적으로 보여 주는 장면이다. 1938년, 하워드 대학과 행정적인 절차를 마무리 지은 후 저스트는 프랑스로 망명했다.

원생동물 아메바나 짚신벌레와 같이 다른 생물을 먹이로 하여 영양분을 취하는 생물. 운동능력이 있고 종속영양을 하는 단세포 진핵 생물.

원생생물 6단계 생물분류 체계문강목과속종보다 더 상위에 있는 분류. 현재는 비공식적으로 단세포 원핵생물과 다세포 해조류 그리고 곰팡이 종류를 칭하는 데 사용된다.

필생의 걸작

1939년, 저스트는 20년 동안의 연구 결과를 요약한《세포 표면의 생물학》을 출판했다. 저스트의 주요한 공헌 중 하나는 모든 세포 활동이 세포의 핵에 의해 조절된다는 당시 학계의 정설을 뒤엎은 것이다. 그는 세포 내에서 핵뿐만 아니라 세포질 또한 중요한 기능을 한다는 사실을 보여 주었다. 그는 원형질의 외부층이 수정과 배아 발생에 중대한 역할을 담당한다고 확신했다. 수정, 난자 활성화, 세포분열, 염색체의 숫자에 대한 적외선 효과 등에 대한 저스트의 연구 결과는 실로 방대한 것이었다.

1940년, 그는 스물여덟 종류 해양 생물의 난자와 정자세포를 다루는 방법에 관한 책《해양 동물의 난소에 대한 실험을 위한 기초적인 방법》을 출판했다. 이 책에서 그는 성공적인 실험 결과를 얻기 위해서는 실험에 사용되는 유리 초자가 청결해야 한다는 것을 강조했고, 실험실 내 표본들의 상태를 훌륭하게 유지시켜 줄 온도와 실험 기구의 조작 기술에 관한 지식에 관한 내용도 담았다.

그보다 한 해 앞선 1939년, 저스트는 아내와 이혼하고 베를린에서 만나 8년 동안 교제해 온 허드윅 스나이저와 재혼했다. 세계가 전쟁의 소용돌이 휩싸이면서 저스트의 불행도 시작되었다. 그는 프랑스를 점령한 나치에 의해 실험실에서 쫓겨나야 했다. 그리고 재혼한 아내에게 유태인의 피가 섞여 있었기 때문에 그는 나치의 손아귀에서 아내를 구하기 위해 미국으로 이주하기 위한 증명서를 받으려고 팔방으로 뛰어다녔다. 다행히 그는 임신한 아내를 워싱턴으로 데려올 수 있었다. 그리고 하워드 대학에서 강의를 계속하면서《윤리와 생존을 위한 몸부림》이라는 책의 원고를 쓰기 시작했다.

《해양 동물의 난소에 대한 실험을 위한 기초적인 방법》을 출간한 1940년에 저스트는 딸을 얻었다. 하지만 그는 급격하게 건강이 악화되기 시작했다. 췌장암이었다. 결국 그는 병마를 이기지 못하고 1941년 10월 27일 58세의 나이로 세상을 떠났다. 그의 유해는 링컨 공동묘지에 안장되었다.

저스트는 사색과 책을 좋아하는 조용한 성격이었으면서도 위엄을 갖추고 있었다. 짧은 생애 동안 두 권의 교과서를 남겼고 60편이 넘는 학술 논문을 발표했다. 아직도 과학계는 그와 그가 남긴 학문적 성과를 기억하고 있다. 1983년 발생생물학회는 사우스캐롤라이나에서 있었던 '제26회 무척추동물의 발생에서 세포와 분자생물학에 관한 토론회'를 저스트에게 헌정했다. 1996년 미국 우편국은 그의 영예를 기려 기념우표를 만들었다. 저스트는 해양생물에 관한 세계적인 권위자로 이름을 알렸으며, 무척추동물학 분야, 특히 수정과 초기 배아 발생에 관련하여 학문적으로 크게 기여했다.

해양 생물은 인간 세포를 연구하기 위한 선행 단계로서 활용할 수 있다. 때문에 저스트의 연구 결과들은 인간에 대한 연구로 이어지고 있으며, 체외수정과 같은 기술의 발달에도 공헌했다. 그리고 피부색은 학문적인 진실 앞에 아무런 의미가 없다는 점을 몸으로 증명했다. 오직 실험을 통해 증명할 수 있는 것만이 과학의 진실이라는 신념이 저스트를 앞으로 나아가게 한 가장 큰 원동력이었다. 기관차처럼 자신의 길을 꾸준히 걸어간 그의 모습은 당시 사람들의 머릿속에 뿌리 박혀 있던 인종차별에 대한 생각을 바꾸는 데 큰 영향을 주었다.

프랭크 래틀리 릴리

프랭크 래틀리 릴리[1870~1957]는 1891년 토론 대학을 졸업한 후 매사추세츠 주 우주홀에 설립된 해양생물연구소에서 여름 강좌를 들었다. 이후 54년 동안 그는 이 연구소와 관련된 일을 했다. 릴리는 1894년 시카고 대학에서 동물학 박사 학위를 받고 1900년 시카고 대학의 발생학 부교수가 되기 전까지 미시간 대학과 바사르 대학에서 학생을 가르쳤다.

릴리는 홍합의 발생에 연구의 초점을 맞추었다. 이 분야는 릴리가 발생학에 끼친 영향으로 인해 아직도 해양생물연구소에서 꾸준히 연구되고 있다. 1908년 그는 선구적인 발생학 논문인 〈새끼의 발생〉을 발표했다. 이 논문에서는 생식 기능이 없는 암송아지, 수컷 송아지와 쌍둥이로 태어난 불임 암송아지에 대한 연구를 다루고 있다. 릴리는 암송아지의 불임 원인을 조사한 결과, 수컷 태아에서 분비된 호르몬이 암컷 송아지에 영향을 준 것이라고 결론지었다.

릴리는 동료 학자들의 존경을 받았으며, 미국 국가과학위원회와 국가연구협회 회장을 역임했다. 릴리는 1930년 우즈홀 해양연구소를 설립하기 위하여 록펠러 재단에서 300만 달러를 받아내기도 했다. 그는 9년 동안 우즈홀 해양연구소의 자문단장으로 일했으며, 현재 이 연구소는 세계에서 가장 큰 해양학 연구소가 되었다.

연 대 기

1883	사우스캐롤라이나 찰스타운에서 8월 14일 출생
1903	킴벌 유니온 아카데미 고등학교 졸업
1907	다트머스 대학에서 동물학 학사 학위를 받고 하워드 대학에서 영어를 가르치기 시작
1909	매사추세츠 우즈홀의 해양생물연구소에서 박사 과정 시작
1912	과학 학술지 〈생물학 보고서〉에 첫 과학 논문인 〈정자의 통과지점과 난할면의 연관성〉을 발표하고 하워드 대학에서 정교수와 동물학과장으로 승진
1915	미국 유색인종협회에서 저스트에게 첫 스피간 메달을 수여
1916	시카고 대학에서 동물학 박사 학위 받음
1919~20	〈생물학 보고서〉에 수정과 난자 활성화에 관련된 일련의 기사를 발표
1920	외부 연구비를 지원받으면서 더 많은 시간을 연구에 할애할 수 있도록 하워드 의대에서 하던 강의를 중단함
1929~40	이탈리아, 독일, 프랑스의 연구소에서 초빙 연구원 자격으로 연구
1939	1920년대와 1930년대의 연구를 요약하는 《세포 표면의 생물학》 출판
1940	《해양 동물의 난소에 대한 실험을 위한 기초적인 방법》 출판. 파리에서 나치에 의해 쫓겨나 급히 하워드 대학으로 귀환
1941	58세에 수도 워싱턴에서 10월 27일 췌장암으로 사망

그의 뛰어난 상상력과
기발한 아이디어로 인해
인류는 지구 생성의 비밀에
한 발짝 다가갔다!

지구 최대의 미스터리를 밝힌 과학자,

해리 해먼드 헤스

해저확장의 모형

21세기 들어, 해양학자들이 바다를 연구하면서 얻은 지식과 기술이 태양계에 있는 다른 행성에서 바다를 찾는 기술에도 적용되고 있다. 과거 해양학에 이제 막 눈을 뜬 시기에 지질학자들은 지구 표면에서 수십 킬로미터 아래에 어떤 물질이 있는지 알아내기 위해 힘겹게 탐사 방법을 개발했다. 그런데 금성과 토성 또는 달 표면 아래 수 킬로미터 얼음층 밑에 과연 바다가 존재하는지의 여부를 조사하는 미국 항공우주관리국 NASA의 탐사 작업에 해양학의 개척 시기에 개발된 것과 비슷한 탐사 기술이 동원되고 있다.

1960년대에 NASA는 저명한 해양 지질학자를 달에서 채취한 암석 시료를 분석하고 연구하는 책임자로 임명했다. 이로써 전혀 관련이 없을 것 같은 해양학과 우주과학에 같은 지식과 기술이 적용될 수 있다는 사실을 보여 주었다.

해리 해먼드 헤스는 대양 분지의 기원과 진화에 관한 이론을 체계적으로 세운 과학자다. 헤스는 1912년 알프레드 베게너가 제시한 대륙 이동설을 기초로 하여 대양저 바닥이 좌우로 넓어지는 과정을 해양 지각 아래 깊숙한 곳에서 일어나는 현상을 통해 설명했다.

대양 해저의 밑바닥에는 맨틀층에서 솟아오른 용암으로 인해 해양저산맥이 형성되고, 이렇게

해양저산맥 대양저산맥. 해양의 해저에 연속해서 뻗어 있고, 넓게 좌우 대칭형으로 솟아 있는 해저 산맥. 정상부의 평균 수심은 약 2.5킬로미터이고, 주변 해저로부터 높이는 1~3킬로미터, 폭은 약 1,500킬로미터, 총 연장길이는 60,000킬로미터 이상으로 발달해 있으며, 꼭 대양의 중앙부에 있지는 않다.

형성된 해양저산맥은 아래로부터 지속적으로 솟구쳐 오르는 용암 때문에 양쪽 방향으로 밀려나가게 된다. 이로써 해양저가 좌우로 벌어지게 되며, 결국 바다도 넓어지게 된다. 이 개념이 발전하여 금세기 지구과학 최고의 학설이라고 인정받는 '판구조론'이라는 학설이 만들어지게 되었다.

판구조론의 핵심은, 좌우로 밀려나간 대양저는 결국 대륙을 만나게 되면 대륙 밑바닥으로 말려들어가 다시 맨틀층으로 녹아들어 용암이 된다고 하는 일련의 순환 과정을 설명하는 것에 있다. 이렇게 대양저가 대륙 밑바닥으로 빨려 들어가는 곳을 **해구**라고 하며 해양에서 가장 깊은 수심을 나타낸다.

해구 심해저에 좁고 깊게 발달한 깊은 수심의 함몰지형. 흔히 대륙사면 바다 쪽에 대륙의 방향과 평행하게 발달하며 경사면이 가파르고 주변 해저보다 약 2킬로미터가량 깊으며 길이가 수천 킬로미터에까지 이르기도 한다.

꼬마 해군 제독

해리 해먼드 헤스의 어릴 적 별명은 '꼬마 해군 제독'이었다. 그의 부모인 줄리안과 엘리자베스가 헤스에게 선원 옷을 입혀 찍은 사진에 그렇게 써 넣었기 때문이었다. 우연의 일치인지는 모르지만, 이 일은 일종의 선견지명으로 받아들일 수도 있다. 왜냐하면 당시 다섯 살짜리 꼬마 해군 제독은 훗날 진정한 바다의 정복자로서 우뚝 섰기 때문이다.

뉴저지의 에스버리 파크 고등학교에서 외국어를 전공하며 청소년 시기를 보낸 뒤 1923년 헤스는 전기공학을 공부하기 위해 예일 대학에 입학했다. 하지만 곧 지질학으로 전공을 바꾸고 1927년에 학사 학위를 받았다. 졸업 후 광물을 탐사하기 위해 지질도를 만들고 있던 롱와콘세션 광산회사에 취직한 그는 아프리카의 광물 매장량을 조사하기 위해 현장으로 파견되었다. 헤스는 보통 사람들이 하지 못하는 무언가 귀중한 일을 하기 위해 광물 탐사 작업에 참여했지만, 그에게 주어진 일이라고는 이미 두루 알려진 지역에서 일반적인 조사를 하는 것에 지나지 않았다. 모험을 꿈꾸는 젊은이에게 그런 일은 어울리지 않았다. 2년 뒤 그는 단조롭기 그지없는 현장 작업에 싫증을 느끼고 대학원에 다니기 위해 미국으로 돌아갔다. 하지만 대학에서 다시 공부를 하는 동안 그는 자신이 겪었던 지난 2년간의 현장 조사가 매우 유익한 시간이었음을 깨달았다. 지질학 연구는 현장을 떠나서는 제대로 익힐 수 없는 학문이기 때문이었다. 프린스턴 대학의 박사 과정에 있는 동안에는 광물의 분포와 성질에 관한 학문인 광물학, 암석의 기원과 구성 그리고 구조에 관해 탐구하는 암석학뿐만 아니라 **대양분지**의 구조에 대한 공부도 병행했다.

대양분지 대륙 주변부와 해양저산맥 사이의 깊고 넓은 지역. 바닥에 해양지각이 자리 잡고 있으며 수심은 약 4~5킬로미터에 이른다.

1931년 헤스는 서인도 제도와 바하마에서 중력을 측정하기 위해 네덜란드 출신 지구물리학자인 헤릭스 안드리즈 베닝과 동행했다. 지구 표면에서 밀도가 높은 물질이 있는 곳은 중력이 크게 나타나므로 이러한 자료를 바탕으로 지질학자들은 지표면 한참 아래에 있는 암석의 성질을 판단한다. 하지만 바다에서 중력을 측정할 경우 파도와 바람에 심하게 흔들리는 배 위에서 중력을 측정한다는 것은 결코 쉬운 일이 아니었다. 그래서 때때로 바다에서 중력을 측정할 때는 잠수함의 힘을 빌려야 했다. 이것이 헤스와 심해 사이에 이루어진 최초의 만남이었다.

헤스는 바다에서 행한 이 탐사에서 한 가지 흥미로운 현상을 발견했다. 캐러비언 해구의 중력이 당초 예상했던 것보다 훨씬 낮게 나타난 것이었다. 해구는 대양의 가장자리, 즉 대양과 대륙이 만나는 가장자리를 따라 형성된 길고 좁은 홈이다. 산꼭대기에서 자기장이 강하게 나타나기 때문에 상대적으로 고도가 낮은 해구에서 자기장이 약하게 나타나는 것은 자연스러운 일이지만, 헤스는 혹시 해구가 다른 물질로 형성되어 있는 것은 아닐까 생각했다. 당시의 과학자들은 이미 해구를 따라 화산이 자주 발생한다는 사실을 알고 있었다. 헤스는 이러한 현상이 종합적으로 의미하는 것이 무엇인지 이해하려고 노력했다.

1932년 헤스는 지질학 박사 학위를 받았다. 그의 학위 논문은 버지니아의 블르리지 산맥에 위치한 큰 **감람암** 관입암에 관한 광물학 연구에 관한 것이었다. 헤스는 특히 광물학에 관심이 많았기 때문에 훗날 논문 〈일반적인 유색 마그마에 함유된 **휘석**〉(1941)과 〈몬태나 지역의 정수와 화강암 복합체〉(1960)를 발표하는데, 이 두 논문은 광물학 분야에서는 기념비적인 논문으로 오늘날까지 평가받고 있다. 이러한 점 때문에 NASA는 달에서 채취한 월석 샘플을 분석하는 책임자로 헤스를 임명했다.

감람암 화성암의 일종. 주로 감람석, 휘석, 각섬석으로 구성되어 있다.

휘석 규산염 광물의 하나로 지각의 주요한 암석인 화성암이나 변성암, 맨틀 상부의 암석 및 달의 암석이나 운석 등에 포함되어 있는 광물.

박사 학위를 받은 뒤, 헤스는 1932년에서 1933년까지 러처스 대학의 강단에 섰고, 그 후 1년 동안은 워싱턴 D.C.의 카네기 연구소 지구물리학 연구실에서 보조 연구원으로 일했다. 1934년 프린스턴 대학의 지질학과 강사를 맡은 이후로 1966년까지 프린스턴 대학과의 인연을 이어 나갔다.

태평양에서 대서양으로

미 해군에 입대하여 대위로 근무하는 동안 헤스는 잠수함에서 해양의 중력을 측정하는 일을 했다. 1941년 12월 7일 진주만이 공격받았을 때는 해군 예비군에 속해 있었지만, 진주만이 공격당한 다음 날 그는 현역으로 군대에 다시 복귀했다.

그는 잠수함 승선 경력이 있었기 때문에 북대서양에서 독일 잠수함의 작전 방향을 알아내는 임무를 띤 대잠수함 작전 장교가 되었다. 독일 잠수함 U-보트는 발전된 기술과 뛰어난 성능으로 미 해군을 여러 차례 교란했다. 하지만 이 U-보트도 잠수함 내의 공기를 교환하기 위해서는 해수면에 떠올라야 했기 때문에, 이때에 U-보트로서는 미군 정찰기에 발각될 수 있는 최대의 위기 상황에 직면할 수 있었다.

헤스는 멕시코 만류(멕시코 만에서 미국 대서양 해안을 따라 흐르는 따뜻하고 염분이 높은 해류)와 찬 해류가 만나는 미국의 동쪽 대서양에는 안개와 구름이 자주 발생하기 때문에 독일의 잠수함 U-보트가 정찰기를 피하기 위해 분명히 이곳에 숨어 있을 것이라고 해군본부에 보고했다. 헤스의 조언을 따라 이 지역을 집중적으로 수색한 결과, 1년 내에 북대서양의 독일 U-보트를 모두 파괴할 수 있었다.

헤스는 해군에 복무하는 동안 무료하게 보내는 시간을 낭비하지 않기 위해 대양저의 수심을 측정하는 일에 몰두했다. 그는 자신이 승선한 수송선에 심해 음향 측심기를 설치하고 수심을 계속적으로 기록했다. 이 장비는 배 아래쪽으로 음향 신호를 보낸 뒤 해저층에서 되돌아오는 데 걸리는 시간을 측정함으로써 해저의 깊이를 측정하는 간단한 원리로 작동되었다. 헤스는 측심기의 자료를 바탕으로 태평양의 광범위한 면적에 걸쳐 해저면의 굴곡을 보여 주는 수심도를 만들었다. 이렇게 자료를 수집하는 동안 헤스는 정상이 평평하게 깎인 해저 화산들에 **기요**라는 명칭을 최초로 부여했다. 이 이름은 1854년 프린스턴 대학에 지질학과를 설립한 스위스인 지질학자 아놀드 기요를 기리기 위한 것이었다. 헤스는 1961년 해군 소장까지 진급했으며, 죽을 때까지 예비군으로 지냈다.

기요 평정해산. 해저로부터 높게 솟아 있고 정상부가 평평한 해저산.

당혹스런 해양지질학적 발견들

1950년 7월, 해양지질학자들은 태평양의 해저를 조사하던 중 당초 헤스가 가설로 내세웠던 것과 같은 현상을 발견하게 된다. 그들의 발견은 대양저 형성에 대한 헤스의 구상과 거의 일치했다.

당시 과학자들은 해양 지각은 거의 평평하며, 수십억 년 동안 대륙에서 떠내려 온 퇴적물이 두껍게 쌓여 있을 것이라고 생각했다. 하지만 탄성파 탐사를 통해 조사한 결과, 대양저에 있는 해양 지각의 두께가 약 7킬로미터에 불과하다고 결론을 내렸다. 이미 대륙 지각은 약 35킬로미터인 것으로 알려져 있었다. 그렇다면 해양 지각은 왜 이렇게 얇은 걸까? 의문이 생기지 않을 수 없었다.

당시 지질학자들의 생각은 비교적 단순했다. 40억 년 전 바다가 생긴 이래로 같은 모양으로 그대로 있었다면 바다의 밑바닥은 그동안 퇴적물이 엄청나게 쌓였을 것이고, 그로 인해 해양 지각의 두께도 측정한 것보다 훨씬 더 두꺼워야 한다! 의문을 풀기 위해 기요의 퇴적물을 시추하여 조사했다. 결과는 놀라웠다. 바위 조각과 모래가 있을 것이라고 예상했지만 대부분 산호모래로 구성되어 있었다. 산호는 보통 수십 미터 이내의 얕은 수심에서만 살 수 있다. 그런데 이때 조사한 기요는 수심이 3.2킬로미터에 달할 정도로 깊었다. 놀라운 일은 거기서 그치지 않았다. 연대를 측정한 결과, 기요의 꼭대기에 쌓인 퇴적물의 나이가 수십억 년일 것이라는 예상과는 달리 단지 1억 3천만 년 정도밖에 되지 않는다는 사실이 밝혀졌다. 여기에 더하여 생물들의 화석을 조사해 보니 기요의 퇴적층이 상대적으로 매우 나이가 젊다는 사실을 다시 한 번 확인할 수 있었다.

그로부터 몇 년 후, 미국인 해양학자인 모리스 유잉은 해저에 길게 뻗은 대양저산맥의 한가운데를 따라가면 반드시 **단층**이나 계곡이 형성되어 있다는 사실을 알게 되었다. 그런데 이 단층들은 지층이 서로 벌어지면서 생긴 것으로 보였다. 이 해양저산맥을 따라 수많은 용암이 발견되었으며, 흔하게 발견되어야 할 해양 퇴적물은 거의 발견할 수가 없었다. 해양지질학자들은 기존의 이론으로는 이러한

> **단층** 암석이나 지층에 생긴 틈을 경계로 그 양측의 땅덩어리가 상대적으로 이동하여 미끄러져 어긋난 것.

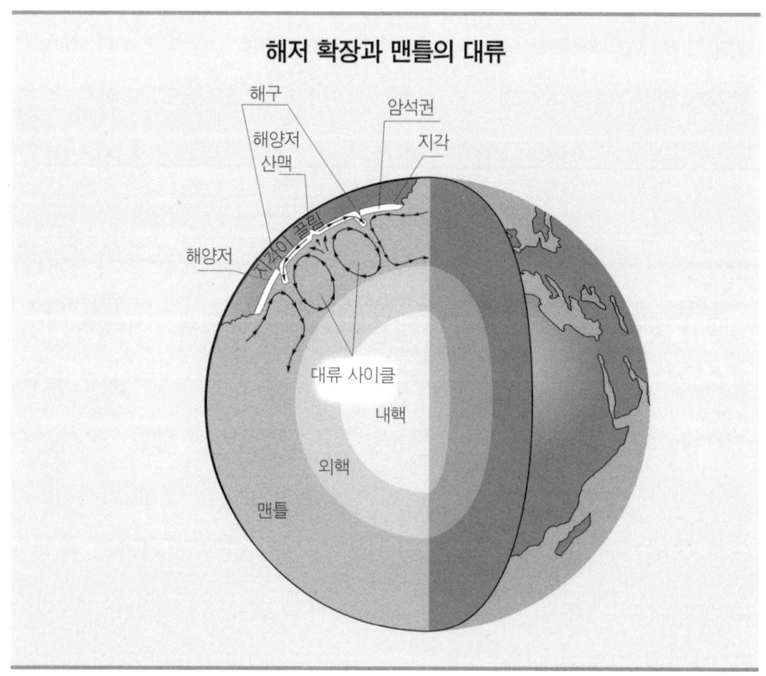

헤스는 맨틀층 내에서 일어나는 대류가 해저 확장 과정에 필요한 힘을 만든다고 생각했다.

사실들을 설명할 수가 없었기 때문에 당황하지 않을 수가 없었다.

해저확장설 제시

헤스는 1912년 독일인 기상학자이자 지구물리학자인 알프레드 베게너에 의해 제안된 대륙이동설을 다시 한 번 곰곰이 생각해 보았다. 그는 남아메리카의 동쪽 해안과 아프리카의 서쪽 해안이 퍼즐 조각처럼 들어맞는다는 사실을 인정하고 있었기 때문에 양쪽 대륙에 살고 있는 생물들의 화석 증거를 더 많이 수집하려고 노력했다.

베게너에 의하면 지구 위의 대륙들은 예전에 서로 연결되어 있었지만, 지각 변동에 의해 서로 떨어져서 수천 킬로미터의 거리를 두게 되었다고 했다. 하지만 베게너는 이처럼 대륙을 움직이게 한 힘의 근원이 무엇인지에 대해서는 설명하지 못했다.

헤스는 베게너의 이론을 자기 스타일로 수정하면서 대륙을 움직일 만큼 강한 힘이 무엇인지에 대해 설명했다. 베게너는 대륙들이 능동적으로 해저를 밀고 나아갔다고 생각했으나, 헤스는 대양저가 대양저산맥에서 벌어져 나가면서 대륙들도 어쩔 수 없이 수동적으로 밀려 나갔다고 생각했다.

오랜 연구와 조사 끝에 1960년 헤스는 드디어 처음으로 자신의 해저확장설을 내놓았다. 그는 대양 중앙에 있는 대양저산맥이 갈라지는 점, 대양저산맥 주위에 있는 용암, 그리고 해양 지각이 대륙 지각에 비해 매우 얇다는 점 등을 자신의 이론을 증명하는 증

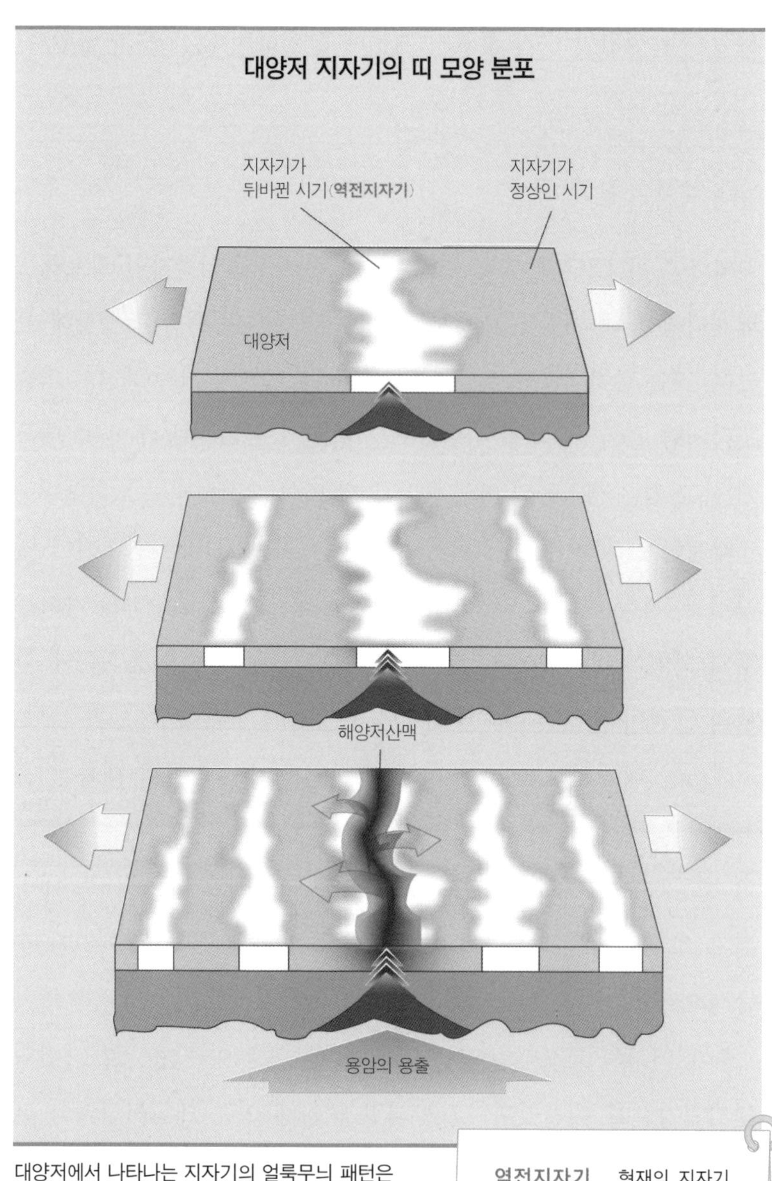

대양저에서 나타나는 지자기의 얼룩무늬 패턴은 헤스의 해저확장설을 지지하는 증거다.

역전지자기 현재의 지자기장과 반대 방향인 자연 잔류 지자기로서 과거 지구 역사상 수많은 역전지자기 현상이 있었다.

거물로 내세웠다. 이 매력적인 증거물들을 이용하면 해양 지각이 대양 중앙에 있는 대양저산맥 중앙의 단층에서 갈라져 벌어지고 있다는 사실을 선명하게 설명할 수 있었다. 이렇게 단층을 따라 해저 지각이 양쪽으로 갈라짐에 따라 마그마가 이 취약 부분을 통해 위로 상승하고, 서로 벌어진 틈으로 용암이 분출하여 식게 되면 현무암 성질의 새로운 해양 지각이 만들어진다. 새로 형성된 지각은 맨틀을 따라 좌우로 벌어지다가 대양이 끝나는 부분에 가면 결국 대륙 지각을 만나게 되고 그 밑으로 말려 들어간다. 이 과정에서 수심이 매우 깊은 곳이 발생하는데 이것이 해구다. 이러한 과정을 통하여 지각은 다시 맨틀로 녹아서 되돌아간다.

헤스는 이러한 현상이 발생하도록 하는 힘은 맨틀이 가진 유체 성질의 **대류**에 의해서 가능하다고 생각했다. 지각 바로 아래에 위치한 맨틀은 철과 마그네슘 광물로 이루어졌으며, 비록 고체 물질이지만 녹은 맨틀은 마치 엿처럼 천천히 흐를 수 있다. 뜨거운 맨틀이 마그마 상태로 바다로 용출된 후 차가운 바닷물에 식으면 현무암이 된다. 그리고 맨틀이 뜨거워지면 밀도가 낮아지고 가벼워져서 위로 올라가게 되고 식으면 무거워져서 아래로 가라앉는다. 이렇게 해서 맨틀의 대류가 발생하는 것이다. 그리고 이 맨틀의 대류에 의해 해구 아래로 사라지는 지각들은 다시 뜨거운 맨틀이 되어 지속적으로 해양저산맥에서 새로 분출되는 용암을 공급하게 된다.

대류 열의 전달과정 중 하나로서 유체나 공기가 아래로부터 가열될 때 나타남.

헤스는 1960년《지각 이동에 관한 서술》을 발표했다. 〈대양분지의 역사〉라는 제목이 붙은 공식적인 학술 논문은《암석학 연구: A. F. 버팅톤의 추모 논문집》에 묶여 미국 지질학회에서 1962년에 출간되었다. 버팅톤은 프린스턴 대학의 암석학 교수로, 헤스와는 친한 친구 사이였다.

헤스의 논문이 주목을 받은 것은 당연한 일이었다. 시간이 지나면서 그의 해저확장설은 **고지자기** 증거에 의해 더욱 큰 힘을 얻었다. 고지자기학은 고대 암석이 자성을 가진 채 굳으면, 이것으로 밝혀낸 지구의 고대 자기장을 바탕으로 대륙들의 옛 위치를 재구성하는 학문이다. 지구는 거대한 구형 자석 역할을 하므로, 철이 풍부한 광물을 포함한 바위들 중 자성을 띤 암석이 용암 상태가 되었다가 식어

고지자기 암석이나 퇴적물 속에 포함된 자성 광물의 잔류된 자기. 고지자기학은 과거의 암석과 퇴적물에 기록된 지자기 변화를 연구하는 학문이다.

다시 고체로 바뀌면, 이 암석은 당시 지구의 자기장 방향을 그대로 간직하게 되기 때문에 과거 자기장의 방향을 나타내는 영구적인 표시가 된다. 수백만 년마다 지구의 북극과 남극은 교대로 바뀌었기 때문에 암석의 연대와 자장의 방향을 알게 되면 지자기의 방향이 어떻게 바뀌었는지 알 수 있게 된다.

1963년 두 명의 젊은 영국인 지질학자인 프랫 봐인, 드르먼드 매튜와 캐나다 지질학회의 로렌스 먼레이는 서로 개별적으로 진행한 연구를 통해 대양저가 확장된다는 사실을 지지하는 고지자기에 관한 증거를 공통적으로 내놓았다.

대양 중앙의 해양저산맥과 평행한 줄무늬들은 수백 킬로미터마다 지자기의 방향이 바뀌는 현상을 보였다. 봐인은 해양저산맥의 단층에서 분출된 마그마가 식을 때, 그 당시 자장의 방향으로 고정된 채 해양저산맥의 측면으로 서서히 멀어지면서 이동한다고 생각했다. 헤스는 봐인의 가설이 지닌 가치를 매우 높이 샀다.

1966년 자기장이 만든 줄무늬에 관해 추가적으로 실시한 연구는 지자기의 줄무늬들이 모두 대양저산맥이 형성된 방향과 평행하다는 사실을 보여 주었다. 이후로 해저가 대양저산맥에서 좌우로 멀리 퍼져 나감에 따라 나이가 많아진다는 사실을 보여 주는 증거가 여기저기서 나타나기 시작했다. 이 두 가지 사실은 대양저산맥에서 만들어진 해양 지각은 대양저산맥과 평행하게 서서히 측면 이동을 하게 된다는 것을 확인시켜 주었고, 그 뒤에 나타난 여러 가지 화석 자료, 해저 중심부에서 채취한 암석 샘플 조사 결과 등이 모두 해저확장설을 뒷받침했다.

존경받고 영예를 얻다

헤스는 미국 국가과학위원회, 미국 철학회, 미국 예술과학회를 포함하는 여러 학술회의 일원으로 선출되었다. 또한 미국 지구물리학회의 측지학 분과장, 구조물리학 분과장, 미국 암석학회장 그리고 미국 지질학회장을 역임기도 했다.

1962년부터 헤스는 미국 국가과학위원회 우주과학 고문단의 단장을 맡았다. 고문단의 역할은 NASA에 조언을 해 주는 것이었다. 하지만 1966년 무렵 그는 흉부에 심한 통증을 느끼며 쓰러졌다. 이후로 그의 건강은 급속도로 악화되었다. 그러나 달의 과학적 탐사에 대한 토론회의 의장직을 수행하기 위해 그는 병원보다는 우즈홀에서 거의 모든 시간을 보냈다. 학문 탐구를 위한 그의 열정은 1969년 8월 25일에 이르러서야 멈추었다. 심장마비였다. 그의 유해는 많은 과학자들과 정치인, 일반인들의 애도 속에 알링턴 국립묘지에 안장되었다.

그는 과학자로서 매우 존경을 받았다. 지적 탐구를 향한 그의 모험심은 때로는 상상을 초월하는 것이었다. 해양학자인 발트 뭉크와 함께 해양 지각 아래의 맨틀로 구멍을 뚫겠다는 **모홀 계획**을 수립한 사람도 바로 헤스였다.

모홀 계획 해양지각과 맨틀의 경계면까지 해저면을 시추하려는 야심에 찬 계획.

미국 지질학회는 1966년 지구과학 분야에서 큰 업적을 세운 학자에게 주는 펜로즈 메달을 헤스에게 수여했다. NASA는 그의 사후에 시민봉사상을 수여했고, 미국 지구물리연합회는 지구와 이웃한 행성들의 탄생과 진화에 관한 연구에서 훌륭한 업적을 남긴 그를 기리기 위해 해리 헤스 메달을 제정했다.

헤스의 친구들은 그가 장난꾸러기처럼 천진난만하면서도 용감한 사람이었다고 평했다. 그가 과학자로서 높이 평가받는 이유는 그가 남긴 업적 때문만은 아니다. 헤스는 자신이 가진 생각이 다른 사람의 생각과 다르다 하더라도 다른 이의 새로운 관점과 아이디어를 폭넓게 수용하고 받아들였다. 이처럼 과학자로서 가져야 할 참다운 태도야말로 헤스의 진가를 더욱 빛나게 하는 점이다. 그리고 이러한 사고와 태도를 바탕으로 그는 이전의 어느 누구도 하지 못한 기발한 이론을 창조했고 증명했다.

헤스는 해저가 양쪽으로 계속해서 벌어지면 지구가 커지게 될지도 모른다는 엉뚱하고도 기발한 생각으로 주위를 당황하게 만들기도 했지만, '왜 해저의 퇴적층이 예상보다 얇은가?', '왜 대륙의 암석보다 해저의 암석 나이가 더 젊은가?'와 같은 당혹스러운 질문들에 명쾌한 답을 내렸다. 헤스의 해저확장에 관한 아이디어는 이제 지질학에서는 기본 상식이 되었고, 그의 학설은 이제 판구조론으로 발전했다. 그리고 오늘날까지도 헤스의 아이디어를 증명하기 위한 과학자들의 연구와 조사는 계속되고 있다.

로버트 싱클레어 디에즈

로버트 싱클레어 디에즈1914~1995는 지질학, 지형학, 해양학을 포함하여 여러 학문 분야에 공헌한 미국인 지질학자다. 그는 대륙단구, 대륙사면, 대륙붕, 하와이 스웰의 형성 원인과 같은 연구뿐만 아니라 운석 분화구가 시간이 지남에 따라 변화하는 것과 같은 분야에 흥미를 가졌다. 또한 북극 분지와 태평양 분지에 관해서도 연구했다.

그는 일리노이 대학 지질학과에서 학사, 석사, 박사 학위를 받았고, 저명한 해양지질학자인 세퍼드와 함께 샌디에이고의 스크립스 해양연구소에서 자신의 학위 논문을 위한 연구를 진행했다. 그는 해양지질에 대해 연구하면서 캘리포니아의 해저 인회토의 분포와 생성 원인을 밝혀냈다.

헤스처럼 디에즈도 박사 학위를 받은 뒤 군인으로 복무했다. 전쟁이 끝난 뒤 그는 해군 전자연구소 내에 해저연구부를 설립했다. 남극의 지질을 조사하기 위해 탐험했고, 북극해의 수심도를 작성했으며, 태평양에서 펼쳐진 여러 해양학 탐사에 참여했다. 1953년에는 '지질잠수 자문회사'라고 하는 벤처기업에도 관여했다. 그는 숙련된 스쿠버 다이버였으며, 이러한 능력을 바탕으로 대형 유전 두 곳을 발견하기 위해 지질도를 만들기도 했다.

> **대륙사면** 대륙붕의 바다 쪽 경계인 대륙붕단에서 시작하여 대륙대가 시작하는 위치까지.
>
> **대륙붕** 해안선으로부터 바다 쪽으로 해저면의 큰 기복 없이 넓고 평탄하게 펼쳐진 얕은 바다.
>
> **인회토** 인산염을 풍부하게 함유한 퇴적물.

디에즈는 해저 연령과 구성에 대하여 알아내기 위해 헤스와 함께 연구조사를 했다. 1961년 디에즈는 과학 잡지 〈네이처〉에 헤스와 같은 해저확장설을 제안하는 논문을 발표했다. 헤스는 1960년에 이미 논문의 견본을 만들어 놓기는 했지만 공식적인 발표는 하지 않은 상태였다. 헤스의 논문이 공식적으로 발표된 것은 1962년의 일이었다. 이처럼 오묘한 상황에 있으면 누구나 학설의 주인공이 되고자 욕심을 부리기 마련이다. 하지만 디에즈는 그의 활동적인 경력이 말해주듯 대범한 사람이었다. 그는 해저확장설을 가장 먼저 제안한 사람이 헤스임을 공식적으로 인정했다.

《7마일 심연 아래로: 잠수정 트리스테의 이야기》(1961)는 디에즈의 탐험가 기질을 단적으로 보여 준다. 디에즈는 벨기에 탐험가 타크 피카드와 만난 자리에서 해저 탐사를 위해 심해잠수정이 필요하다는 사실에 공감했다. 앞에서 말한 책은 두 사람이 마리아나 해구 속으로 잠수했던 사실을 기록으로 남긴 것이다.

1963년 디에즈는 환경과학 고문관이 되고, 나중에 미국 해양기상청에 병합된 미국 연안 조사국에서 해양학과 지질학 연구단원을 양성하였다. 미국 해양기상청에서 일하는 동안, 당초 자신이 주장했던 해양저확장설이 점차 발전하여 판구조론으로 바뀌어 나가는 과정을 적극 지지했다. 1975년 미국 해양기상청에서 은퇴한 뒤 그는 미국 여러 대학에서 제안한 방문 교수직을 수락하고, 1977년 애리조나 주립대학에서 종신교수로 정착하였다. 디에즈는 1985년 일선에서 물러나 명예교수가 되었지만 1995년 죽을 때까지 연구를 그치지 않았다.

연 대 기

1906	5월 24일 뉴욕에서 출생
1927	예일 대학 지질학과 졸업. 아프리카에서 현장 업무 시작
1929	프린스턴 대학 대학원 입학
1931	서인도 제도와 바하마에서 중력을 측정하기 위한 잠수함 탐사에 네덜란드인 지질물리학자인 펠릭스 메이네즈와 동행
1932	프린스턴 대학에서 지질학 박사 학위를 받고 리처스 대학에서 강의
1933	카네기 연구소의 지구물리학연구소에서 보조 연구원으로 근무
1934	프린스턴 대학에서 강의
1941~45	제2차 세계대전 동안 미 해군에서 복무하며 태평양의 수심도를 작성

1950~66	프린스턴 대학의 지질학과장을 지냄
1955	미국 암석학회장 역임
1960	해저확장 모형을 제안한 혁명적인 작품인 〈대양 분지의 역사〉 견본 출판
1961	미 해군에서 해군 소장으로 진급
1962	《암석학 연구: 버딩턴 추모 논문집》을 통해 〈대양 분지의 역사〉를 발표
1963	고지자기학적 증거로 해저 확장설 지지
1966	미국 지질학회로부터 펜로즈 메달 수여
1969	매사추세츠 우즈홀에서 8월 25일 사망

자크 쿠스토는
스쿠버 장비를 개발하고
수중촬영 기술을 발전시켜
일반인들도
해양을 관찰할 수 있는
길을 열었다.

해저 도시의 상상력을 자극한 모험가,

자크 쿠스토

아쿠아렁 개발과 해양생물학의 대중화

형형색색의 아름다운 해양 생물을 보여 주는 방송 프로그램이 수많은 유무선 TV방송 채널을 통해 소개되고, 심해 생물이 만화 주인공으로 등장할 뿐만 아니라 수백만 명에 이르는 스쿠버 다이버들이 주말마다 취미생활을 즐긴다. 적어도 50년 전만 해도 사람들은 해저의 생물에 대해서 별 관심이 없었다. 겨우 몇몇 생물학자만이 해양 생물 중 극히 일부에 대해서 알고 있을 뿐이었다. 하지만 그 당시에도 이미 몇 사람은 바다의 신비로움에 깊이 매료되어 있었다.

1690년 에드먼드 핼리(이 학자의 이름을 따서 핼리혜성이라고 이름을 지었다)는 세계 최초로 잠수종(종 모양의 잠수기구)을 개발하여 특허등록을 했다. 이 시대에 잠수 기술은 발전을 거듭했지만, 사람이 바다 속에서 머물 수 있는 시간은 최대 90분에 불과했다.

잠수복이 개발된 것은 1800년대였다. 이때의 잠수복은 헬멧에 연결된 호스를 통해 배 위에서 파이프로 잠수부에게 공기를 공급하는 방식을 택했기 때문에 잠수종보다는 바다 속에서 활동하기가 훨씬 편리했다. 1934년에는 미국인 박물학자 윌리엄 비브가 큰 공처럼 생긴 잠수구로 수심 923미터까지 내려가는 기록을 세웠다. 이 사실은 당시의 해양학자들을 크게 들뜨게 만들었다.

그리고 그로부터 20년이 지난 후, 프랑스의 선구적인 해양학자 자크 쿠스토가 아쿠아렁('aqua'는 라틴어로 물을 뜻하고, 'lung'은 영어로 폐를

뜻한다)을 개발함으로써 해양 개발에 새로운 시대를 열었고, 아마추어 잠수부도 바다 속을 탐험할 수 있게 되었다. 이 장비는 오늘날 스쿠버 장비라고 부르는데, 이 이름은 휴대용 잠수 호흡 장치를 줄인 것이다. 또한 쿠스토는 수중촬영 기술을 크게 발전시켜 보통사람들에게 바다 속의 신비로운 모습을 TV와 영화를 통해 보여 줌으로써 미래의 해양학자들이 '태양이 없는 수중 세계(어두운 심해)'에 대하여 연구하고자 하는 의욕을 불러일으켰다.

어린 시절의 잦은 이사

자크 두란톤 쿠스토는 1920년 6월 11일 프랑스 보르도 지방 근처의 생 안드레에쿠바라는 작은 바닷가 동네에서 태어났다. 아버지 다니엘은 부유한 미국인 사업가의 개인 비서로 일하는 변호사였다. 이런 그의 직업 때문에 가족은 파리, 뉴욕 등지로 자주 이사를 다녀야 했다.

쿠스토는 네 살이 되었을 때 이미 능숙하게 물속을 헤엄쳐 다녔다. 그러나 배앓이를 빈번하게 했기 때문에 힘이 달려서 자주 바다에 나가지는 못했다. 그의 어머니는 너무 자주 이사를 하는 것이 아이들의 건강을 해치지는 않을까 염려하여, 형 피에르와 쿠스토를 함께 프랑스어 기숙학교에 입학시켰다. 쿠스토는 여전히 건강한 편이 아니었지만 학교생활은 그럭저럭 해냈다. 쿠스토가 건강을 되찾기 위해 선택한 것은 수영이었다. 수영을 하면서 그의 체력은 크게 향상되었고, 이 일이 결국 그의 인생 방향을 결정했다. 열 살이 된 해에는 여름 캠프에서 호수의 바닥과 해안의 쓰레기 치우는 일을 너끈히 해치울 만큼 건강해져 있었다.

소년기의 그는 장난감 모형과 기계를 분해하고 결합하는 것을 좋아했다. 영화 만드는 일에 재미를 붙인 뒤로는 카메라를 하나 장만하여 항상 가지고 다니면서 이것저것 닥치는 대로 마구 화면에 담았다. 하지만 학교와는 점점 멀어졌다. 수업에 빠지기가 일쑤였고, 문제도 자주 일으켰다. 하루는 학교의 유리창을 열일곱 장이나 박살냈다. 이 일로 쿠스토는 학교에서 퇴학당하고 말았다.

쿠스토의 부모는 그를 리브빌에 있는 매우 엄격한 기숙학교로 보냈다. 여기에서 군사교육에 버금가는 엄격한 교육을 받으면서 쿠스토는 조금씩 행실이 바르게 되었고, 성적 또한 좋아졌다. 그리고 열아홉 살에 우수한 성적으로 학교를 마칠 수 있었다.

1930년 쿠스토는 브레스에 있는 프랑스 해군 사관학교의 엄격한 시험을 통과했다. 전체 2등으로 공학사 학위를 받고 졸업하고 난 뒤 프랑스 해군에 입대하여 1933년부터 1935년까지 극동 지역에서 복무했다. 프랑스로 돌아온 뒤에는 비행술을 배우기로 마음먹고 1년 동안 해군 항공 교육 프로그램에 등록했다.

인생의 행로를 바꾼 사고

1936년 어느 날, 친구의 결혼식에 참석하기 위해 아버지의 승용차를 빌려 보즈 산맥으로 향하던 자크는 꼬불꼬불한 산길에서 도로변의 가드레일을 들이받고 크게 다쳤다. 수일 동안 의식을 회복하지 못했고 왼쪽 팔은 다섯 군데나 부러졌으며 오른쪽 팔은 완전히 마비되었다. 더욱 안 좋은 일은 팔에 생긴 염증이 점점 확산되는 것이었다. 의사는 팔을 절단하기를 권했다. 하지만 쿠스토는 의사의 제안을 단호히 거절했다. 그는 매우 길고 고통스러운 회복 기간을 보내야 했다. 건강을 회복하기 위해 자크가 선택한 것은 역시 수영이었다.

나중에야 양쪽 팔의 기능이 다시 돌아오기는 했지만, 오른쪽 팔은 약간 틀어진 상태로 지내야 했다. 1936년 말 쿠스토는 다시 군대로 돌아갈 마음의 준비가 되어 있었지만 신체적인 문제로 인해 다시는 비행을 할 수가 없었다. 프랑스 해군은 쿠스토를 지중해 연안의 툴롱에 있는 해군 포병대 교관으로 배치했다.

이듬해 쿠스토는 시몬느 멜르크와르와 결혼했다. 부부는 툴롱에서 멀지 않은 사나리 근처의 해안에 집을 구했다. 시몬느의 아버지도 해군 출신이었기 때문에 두 사람 다 바다에 대해서 관심이 많았을 뿐만 아니라 특히 시몬느는 매우 뛰어난 잠수부였다. 그들은 함께 해양 탐사에 나섰고, 그들의 결혼생활은 시몬느가 1990년 사망할 때까지 계속되었다.

툴롱에서 쿠스토는 수영을 가르치는 친구 두 사람을 사귀게 되었다. 필립 타일레와 프레드릭 뒤마가 그들이었다. 세 사람은 자주 물속에서 누가 더 오래 견딜 수 있는지 내기를 하고는 했다. 내기를 할 때마다 승리는 쿠스토의 몫이었다. 당시 쿠스토는 약 18미터까지 잠수할 수 있었다. 하지만 친구보다 잠수 실력이 조금 더 뛰어난 것에 만족할 수는 없었다. 그는 사람이 숨을 한 번 참는 시간보다 더욱 오래 잠수하려면 어떻게 해야 할지, 늘 궁리했다.

대기는 21%의 산소와 78%의 질소, 그리고 1%의 다른 가스로 구성되어 있다. 당시의 잠수부들은 압축 산소를 가지고 잠수를 시도했지만 수심이 깊어지고 시간이 조금 지나면 산소가 독성을 나타내기 때문에 매우 위험했다. 쿠스토도 이러한 사실을 잘 알고 있었지만 그는 무리하게 잠수를 시도하다가 4분 만에 발작을 일으키기도 했다.

쿠스토는 가스 판매 회사에서 근무하고 있는 장인 앙리 멜르크와르와 기술적인 내용에 대해 의견을 나누었다. 그들 두 사람은 오랫동안 고심한 끝에 자체적으로 압력이 조절되는 밸브를 개발할 필요가 있음을 깨달았다. 하지만 이들의 계획을 실현시키기 위해서는 조금 더 기다려야 했다. 1939년에 전쟁이 터졌기 때문이다. 쿠스토는 계획을 잠시 접고 툴롱에 본부를 둔 프랑스 순양함 뒤플리에의 포병 장교로 근무했다. 그와 군에서 생활을 같이한 해군들 사이에서 쿠스토의 잠수 실력은 정평이 나 있었다. 배의 프로펠러가 로프에 감겨 꼼짝하지 못할 때면 수십 차례 물속을 드나들며 문제를 해결했기 때문이었다. 쿠스토는 이런 일을 겪으면서 물속에서 호흡을 할 수 있는 장비를 개발해야겠다는 생각을 더욱 굳혔다.

아쿠아렁의 발명

1942년, 장인이 근무하던 회사의 고압가스 기술자인 에밀 가낭을 만나면서 쿠스토의 고민은 비교적 쉽게 해결되었다. 가낭은 쿠스토가 만들고자 했던 것과 비슷한 자동 압력 조절기를 이미 갖고 있었다. 두 사람은 머리를 맞대고 연구에 연구를 거듭했다. 그 결과 가낭의 압력 조절기를 약간 개조하여 파리 외곽의 만 강에서 고압의 탱크를 이 압력 조절기에 직접 연결하여 사용해 보았다. 하지만 두 사람이 처음 만든 조절기는 잠수부가 수평으로 있을 때만 정상적으로 작동했다. 몇 주 동안 머리를 짜내고 손을 더 본 뒤에 그들은 그 장치를 '아쿠아렁'이라고 이름 짓고 발명특허 신청을 했다.

아쿠아렁 장비의 무게는 22.7킬로그램에 달할 정도로 무거웠지만 실제 수중에서는 부력 때문에 거의 무게를 느끼지 못할 정도이므로 잠수부가 자유롭게 움직일 수 있었다. 쿠스토, 카이레, 뒤마는 아쿠아렁을 사용하여 안전하게 잠수하기 위해서는 100% 공기 외에도 여러 가지 다양한 가스를 배합할 필요가 있다는 사실을 깨달았다. 그리고 동시에 잠수 후에 수면으로 안전하게 올라오기 위한 상승 속도에 관하여 실험을 거듭했다. 이 실험을 하는 동안 그들은 수백 회 잠수를 했지만, 바다 속의 경치는 항상 경이로움을 안겨 주었기에 힘든 줄을 몰랐다.

쿠스토는 자신이 본 바다 속의 아름다운 광경을 보다 많은 사람

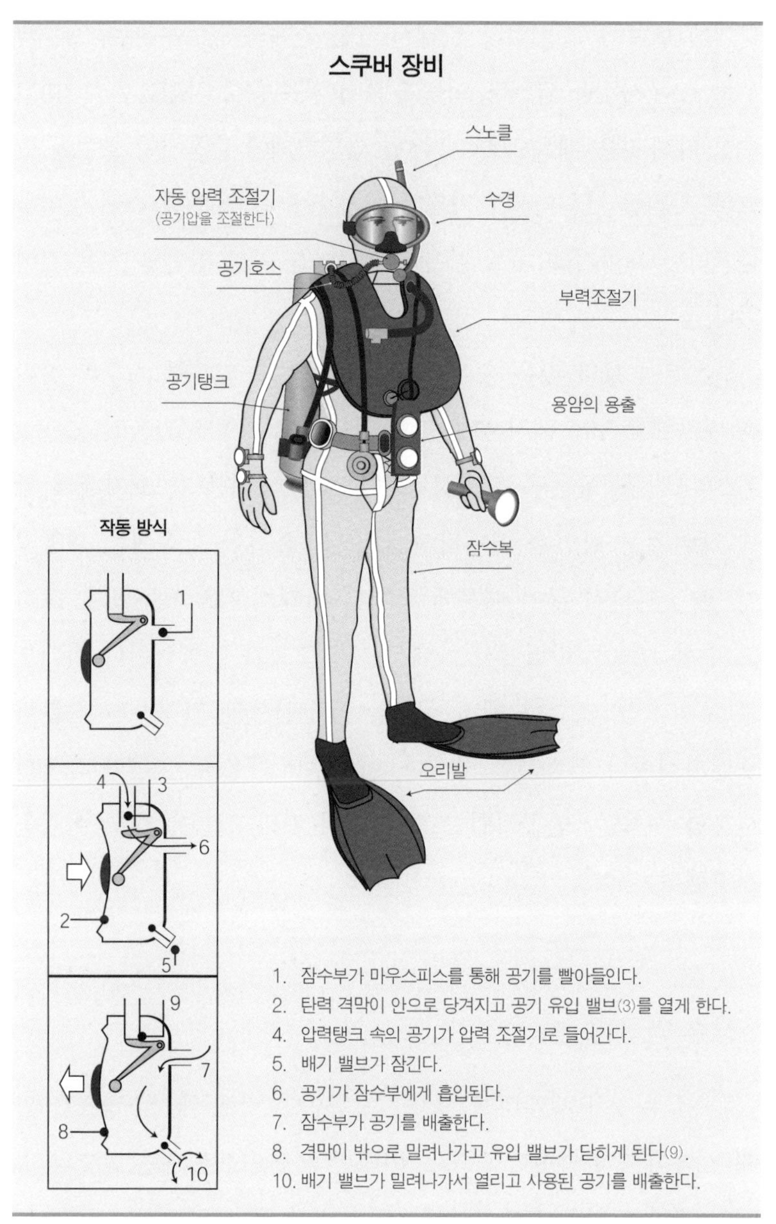

스쿠버 장비는 잠수부가 물속에서 자유롭게 활동할 수 있게 해 주며 상당한 시간 동안 물속에 잠수할 수 있게 해 준다.

들에게 보여 주고 싶었다. 그래서 그는 카메라에 방수 케이스를 씌우고 스냅 사진을 찍었다. 이렇게 해서 찍은 수중 사진들은 '18미터 수심 아래'라는 제목으로 1943년 칸영화제에 출품되어 호평을 받았다. 사진들 가운데서도 가장 인기가 많았던 것은, 평소에 농어를 즐겨먹던 뒤마가 반대로 농어에게 먹이를 주는 장면을 찍은 것이었다.

쿠스토는 보다 깊은 수심에서도 사용할 수 있도록 스쿠버 장비를 개량했고, 계속해서 수중 영화 촬영에도 심혈을 기울였다.

1943년, 침몰선을 탐사하던 쿠스토는 잠수부가 고기떼와 함께 헤엄치는 장면을 카메라에 담았다. 하지만 물속에는 태양빛이 잘 투과되지 않기 때문에 화면이 전체적으로 어두웠다. 그리고 수심 15~30미터에서는 대부분의 물체가 담녹색이나 회색으로 보이지만, 조류나 해저 식물을 해수면으로 가져오면 찬란한 오렌지색이나 선홍색을 발했다. 이때부터 쿠스토는 바다 속에서 사용할 수 있는 인공적인 조명 장치와 칼라 필름에 대한 실험을 시작했다.

잠수 연구팀

쿠스토는 2차 세계대전을 치르는 동안 프랑스 레지스탕스를 위해 스파이로 활약했던 공적을 인정받아 군인으로서는 최고의 영예인 레종 도뇌르 훈장을 받았다. 전쟁이 끝난 뒤 해군은 쿠스토를 사무직으로 배치했다. 절친한 친구들 가운데 타일레는 삼림 감시원이 되었고, 뒤마는 제대한 뒤 민간인 신분으로 지냈다.

쿠스토는 친구들과 함께 바다에서 작업을 하던 시절이 그리웠다. 그리고 잠수 기술을 보다 발전시킬 수 있는 잠수 연구팀이 있어야 한다고 생각했다. 그는 정부의 고위급 관료를 설득하여 자신의 뜻을 이루었다.

타일레가 계급이 가장 높았으므로 팀장이 되었다. 뒤마는 민간인 기술자를 모집하는 일을 맡았다. 잠수에는 늘 목숨을 잃을 수 있는 위험이 따랐지만 세 친구는 다시 바다 속으로 여행을 떠날 수 있게 되었다는 사실만으로도 너무나 행복했다. 이들의 주된 임무는 항구의 해저 바닥에서 배에 손상을 줄 수 있는 물체를 제거하고 독일군이 깔아 놓은 **기뢰**를 찾아 제거하는 것이었다. 그리고 군사 교육 목적으로 잠수함에서 어떻게 기뢰를 매설하는지에 관한 짧은 영화를 만들었다. 영화를 보는 사람들은 어뢰(비록 폭약이 장치되지는 않았지만)가 카메라 앞을 스쳐 지나갈 때마다 기겁을 하고는 했다.

기뢰 적의 함선을 파괴하기 위하여 물속이나 물 위에 설치한 폭탄. 감지 장치에 따라 음향 기뢰, 자기 기뢰, 수압 기뢰 등이 있다.

쿠스토의 수중 탐사팀에 대한 명성은 점점 널리 알려졌다. 그러던 중 아비뇽 지방의 바크루즈 샘에서 매년 일어나는 이상한 현상을 조사해 달라는 부탁이 들어왔다. 매년 봄철이면 5주일 동안 이 샘에서 물이 쏟아져 나와 주변을 물바다로 만들고는 했던 것이다. 쿠스토와 친구들은 이번에도 위험을 두려워하지 않았다. 그들은 샘 밑으로 잠수하여 들어갔다. 그리고 샘이 지하에 있는 동굴 수맥과 연결되어 있음을 확신했다.

이들의 탐사는 여기서 그치지 않았다. 쿠스토와 친구들은 수맥 동굴을 탐사해 보고 싶어 했다. 그들은 아쿠아렁을 장시간 사용하면 질소 중독 현상이 생긴다는 사실을 알고 있었지만 수맥 동굴 탐사를 강행했다. 질소 중독이란 수심이 깊어지면 잠수부의 체내 질소 수치가 높아져 정상적인 사고 판단력을 잃어버리게 되는 현상을 말한다. 결국 무리하게 잠수를 하다가 뒤마가 의식을 잃는 사고를 당했다. 악전고투 끝에 쿠스토는 의식을 잃은 뒤마를 겨우 겨우 수면으로 끌어올렸다. 필사적으로 인공호흡을 한 덕분에 뒤마는 간신히 살아났다. 공기통 속에 남아 있는 가스를 분석해 본 결과 일산화탄소가 비정상적으로 많다는 사실을 알아냈다. 새롭게 만든 공기 압축기의 자체 배기가스가 압출 과정 중에 빨려 들어가서 생긴 일이었다. 하마터면 소중한 친구를 잃을 뻔한 이번 경험을 통해 쿠스토는 안전이 잠수에서 가장 우선되어야 할 사항이라는 것을 명심하게 되었다.

질소 중독의 위험성을 뼈저리게 실감한 쿠스토는 인간이 안전하게 잠수할 수 있는 한계치가 어디까지인지 알고 싶어 했다. 한계 실험을 하기 위해 바다에 무거운 추를 단 와이어를 수직으로 내리고 일정 수심마다 칠판을 달아 그곳까지 잠수한 잠수부가 칠판에 자신의 이름을 쓰게 함으로써 잠수부가 잠수한 수심을 알 수 있도록 했다. 물속에서 잠수하는 동안 잠수부는 계속해서 와이어를 툭툭 건드렸다. 이를 신호로 선상에서는 잠수부의 안전을 확인할 수 있었다. 이러한 방식으로 잠수를 해서 쿠스토는 1947년에 90.5미터까지 잠수하는 기록을 세웠다.

이 일은 인간의 잠수 한계치를 파악하기 위한 실험인 동시에 잠수에 열정을 가진 사람들에게 도전의 장이 되었다. 세계에서 내로라하는 잠수부들이 속속 모여들어 새로운 기록을 작성하는 주인공이 되고자 했다. 역시 지나친 경쟁심이 화를 불렀다. 세계적으로 실력을 인정받고 있던 잠수부인 모리스 파고르가 잠수하는 동안 와이어를 툭툭 건드리는 신호가 갑자기 멎었다. 즉시 구조대가 바다에 뛰어들어 잠수해 들어갔다. 파고르는 수심 47.5미터 지점에서 사망한 상태로 발견되었다. 나중에 와이어를 끌어올렸을 때 수심 120.7미터 지점에 파고르의 이름이 적혀 있는 것을 확인했다. 파고르는 기록적인 잠수를 기록하고 상승하는 과정에서 **감압 부작용**으로 죽음을 맞은 것이었다.

쿠스토는 잠수를 할 때 안전이 얼마나 중요한 것인지 다시 한 번 뼈저리게 느꼈다. 그는 잠수 한계 수심을 91.4미터로 정하고 그 이하로 잠수하는 것을 금지했다.

감압 부작용 혈액 속에 들어 있던 질소가 기포화함으로써 일어나는 가스 색전증. 잠수부와 같이 바다 속 따위의 고압 환경에 있던 사람이 물 위나 땅 위로 갑자기 되돌아왔을 때 발생한다. 관절통, 근육통, 피하출혈, 운동 지각 장애 따위의 증상이 나타난다. 일명 케이슨병이라고 한다.

칼립소

이 무렵 스위스인 물리학자 아우구스토 피카드가 자신이 개발한 잠수구를 이용하여 첫 심해 잠수에 나섰다. 잠수구는 심해 관측용으로 만들어졌는데, 두꺼운 강철로 만들어진 구형 잠수구 꼭대기에 강철 와이어를 배와 연결하여 바다 속 깊이 내려 보냈다. 잠수구를 이용하면 수심 1,400미터까지도 잠수가 가능했다.

피카드의 성공을 지켜본 쿠스토는 자신의 배를 갖게 되기를 희망했다. 마침 전쟁 중에 기뢰 제거용 선박으로 사용한 적당한 배가 눈에 띄었다. 쿠스토는 이 배를 구입하여 해양 조사선으로 개조하면 매우 적절하게 이용할 수 있다고 한 영국인 갑부를 설득했다. 이 배의 이름은 칼립소였다. 칼립소 호는 관측용 갑판을 높게 만들고, 물밑의 경치를 볼 수 있는 투명창을 설치했으며, 배의 하부에서 직접 물속으로 잠수할 수 있도록 잠수용 출구도 새로 달았다.

1951년 11월 24일, 쿠스토 자신이 선장이 되고 지질학자, 수리학자, 생물학자 등을 고용하여 홍해로 첫 탐사를 나섰다. 쿠스토는 산호초와 산호섬을 관찰하고 해저에서 화산을 발견하기도 하면서, 희귀한 동식물을 분류하고 새로운 생물종 표본을 수집하는 한편 5,030미터에 이르는 수심을 측정하기도 했다. 쿠스토는 탐사 기간 동안 바다 속을 촬영하는 작업도 게을리하지 않았다. 그는 촬영을 하면서 해저 세계의 풍부한 생명체와 찬란한 광경에 더욱 매료되었다.

그가 만든 영화는 과학자는 물론 일반인들에게도 큰 충격을 주었다. 하지만 이 영화를 만든 성과는 관객들의 감동을 끌어낸 것뿐만이 아니었다. 세계에서 가장 큰 비영리 단체이며 과학 교육 단체인 국가지리학회NSG가 추가적인 탐사를 할 수 있도록 재정적인 지원을 하기로 결정한 것 역시 쿠스토의 영화가 이끌어낸 성과 중의 하나였다.

1952년 여름 동안 쿠스토는 마르세유 남서쪽에 있는 그랑 콩그류 섬 밖에서 침몰선을 탐사했다. 쿠스토와 동료들이 수심 50미터에서 건져 올린 유물들을 감정한 고고학자들은 이 유물들이 2,200년 전의 것이라고 추정했다. 로마 시대에 침몰한 이 배에는 상태가 온전한 포도주 항아리가 있었다. 쿠스토는 이 항아리에 담긴 포도주를 맛보기까지 했다. 당시 이 배는 포도주를 팔기 위해 마르세유로 항해하던 중 암초에 부딪혀 침몰한 것으로 판단되었다. 배 전체를 다 조사하는 데 무려 5년이나 걸렸고, 고고학자, 인류학자를 비롯한 과학자들은 지나간 역사의 한 단면을 보여 주는 유물들 앞에서 전율을 느꼈다. 고고학 분야에서 탁월한 업적을 세운 뒤마의 잠수부들은 이후에 원양에서 유전을 조사하는 작업에도 참여했다.

쿠스토는 뒤마와 함께 1953년《침묵의 세계》라는 책을 펴냈다. 266쪽 분량의 이 책에는 쿠스토의 초기 잠수 기록과 침몰선, 동굴에 대한 탐사 내용이 담겨 있었고, 대중적으로 폭발적인 인기를 누렸다. 자신의 책이 일반인들로부터 큰 관심을 끈 장면을 목격한 쿠스토는 바다 속 모험을 주제로 한 장편 다큐멘터리 영화를 만들고 싶다는 생각을 갖게 되었다. 그는 루이 말러와 공동으로 감독하여 자신의 꿈을 이루었다. 영화의 제목은 책의 제목과 같았다. 이 영화는 1956년 칸 영화제에 출품하여 최고의 영화로 선정되었으며 아카데미상 시상식에서도 최고 다큐멘터리 상을 수상했다. 이후로 쿠스토는 해양에 관한 70편이 넘는 영화와 TV 시리즈를 제작하여 많은 상을 받았다.

1957년 쿠스토는 해군에서 제대했다. 그는 레종 도뇌르 훈장을 받았을 뿐만 아니라 해군에 근무하는 동안 수없이 많은 공을 세웠지만 같이 입대했던 군대 동기들보다 진급이 늦었다. 더구나 앞으로 더 많은 시간을 해양 탐사에 투자하고 싶어 했다. 이때 마침 모나코 공국의 레이니어 국왕이 그에게 모나코에 있는 해양연구소를 맡아 달라고 요청해 왔다. 쿠스토는 그 제안이 칼립소를 이용해서 해양 탐사를 하고자 하는 자신의 의도와 딱 맞아떨어진다고 판단하여 수락했다.

1959년 쿠스토는 수심 350미터까지 잠수하여 6시간을 머물 수 있는 2인용 잠수 장비를 개발했다. 비로소 스쿠버 장비만으로는 잠수할 수 없는 깊이까지 잠수하여 장시간 해저의 생물을 조사할 수 있는 새로운 길이 열린 것이었다.

콘셸프 실험

어느 날, 쿠스토는 인간이 해저에서도 생활을 할 수 있을까 하는 의문을 가졌다. 그는 이 가능성을 알아보기 위해 1962년 대륙붕 해저에 거주 공간을 만들고 콘셸프라고 이름을 붙였다. 이 건물은 마르세유 근처 지중해의 수심 12미터 지점에 지어졌으며, 완벽하게 방수 처리가 되어 있었다.

공간은 두 사람 정도가 생활할 수 있는 정도의 넓이였고, 라디

오와 비디오 케이블도 육지와 연결했다. 그곳에서 거주하는 두 사람의 연구원은 때때로 손님을 맞이하기도 하면서 일주일 정도 정상적인 생활을 했다. 물론 그들에게서는 어떠한 부작용도 일어나지 않았다.

이듬해에 쿠스토는 홍해 북서쪽 해저에 콘셀프 Ⅱ를 지었다. 원조 콘셀프에 비해 다소 규모가 컸으며, 두 개의 거주 공간으로 나누어져 있었다. 한 공간은 수심 10미터 지점에 지어진 불가사리동Starfish House이라는 이름의 해저 건물이었고, 다른 하나는 심해동Deep Cabin이라고 하여 수심 30미터 지점에 있었다. 불가사리동에는 다섯 명의 연구원이 4주일 동안 살았고, 심해동에는 두 명이 1주일 동안 생활했다. 쿠스토는 그동안의 실험을 통해 공기 중에 헬륨이 충분히 함유되어 있으면 잠수부가 보다 깊은 곳까지 들어갈 수 있다고 믿었다. 실제로 이런 식으로 배합된 가스를 호흡하면 잠수부들은 110미터까지 안전하게 잠수할 수가 있었다. 때문에 심해 주택의 공기에도 헬륨이 반 정도 섞여 있었다. 해저 건물에 대한 실험은 성공적으로 끝났고, 이때부터 해저 도시에 대한 생각이 사람들의 머릿속에 싹트기 시작했다.

쿠스토는 콘셀프 Ⅱ에서의 생활상을 〈태양이 없는 세계〉라는 영화 속에 담았다. 이 영화는 관객들의 상상력을 자극하며 큰 인기를 끌었고, 1964년 아카데미 시상식에서 생애 두 번째 최고 다큐멘터리 상을 수상하는 영예를 쿠스토에게 안겨 주었다.

쿠스토가 수중촬영 기술을 개발함으로써 해양 생물체들의 독특한 생활을 시청자들이 볼 수 있게 되었다.

쿠스토는 생애의 나머지를 영화와 TV 영상물을 만드는 데 바쳤다. 〈자크 쿠스토의 해저세계〉, 〈쿠스토의 탐험〉, 〈쿠스토의 아마존 탐험〉과 같은 영화들이 그의 대표적인 작품이었다. 시청자들은 때 묻지 않은 바다 속 경치에 매료되었으며 쿠스토가 만든 영화들은 여러 시상식의 단골 수상자로 선정되었다.

쿠스토는 10여 권의 책을 썼다. 그중 가장 인기 있었던 책은 《살아있는 바다》(1963)와 《해양 세계》(1985)였다. 그가 펴낸 책 중에는 총 20권에 달하는 방대한 해양 백과사전 《자크 쿠스토의 해양 세계》(1973~74)도 있다. 이 백과사전은 해양 연구에 중요한 자료로 많은 학자들의 관심을 끌었다.

쿠스토는 전 세계의 해양 환경을 보호하고 유지하는 데 자신의 명성을 이용하였다. 먹을거리, 광물 그리고 빗물의 공급 장소로서 해양은 절대 오염되어서는 안 되며, 함부로 개발되기에는 너무나도 귀중한 우리 모두의 자원이라고 강조했다. 1973년 비영리 재단인 쿠스토학회를 만들고 난 뒤에는 이러한 메시지를 전파하는 데 더욱 노력을 기울였다. 그물과 쓰레기에 걸려 고통을 당하는 해양 생물의 사진을 보여 주어 사람들의 경각심을 불러일으키기도 했다. 1991년에는 '미래 세대를 위한 권리 장전'을 제정하여 해양 오염에 의한 장기적인 문제들을 제기하였다. 1993년에는 UN의 고위 자문관으로 위촉되었으며, 프랑스에서 미래 세대를 위한 권리위원회를 만들어 회장으로 위촉되었다. 그러나 프랑스가 태평양에서 원폭 실험을 하자 이에 항의하는 의미로 회장 자리를 미련 없이 버렸다.

1996년 칼립소 호가 싱가포르에서 바지선과 충돌하는 사고가 발생했다. 쿠스토는 칼립소 호를 수리하는 한편 새로운 조사선을 건조하길 원했지만, 정작 그 자신은 호흡기에 이상이 생겨 여러 달 동안 병원에 입원해야 했다. 그리고 1997년 6월 15일 여든일곱 살의 그는 심장 발작을 일으켜 사망하고 말았다.

쿠스토는 아쿠아렁을 개발함으로써 이전에는 일반인의 접근이 불가능했던 수중 세계를 보다 친근한 곳으로 만들었다. 그가 개발한 스쿠버 장비는 해양학의 발전에 크게 기여하여 심해의 복잡한 생태계를 파악할 수 있도록 도왔다. 스쿠버 장비는 비교적 가격이 싸고 조작하기도 쉽기 때문에 지금은 스쿠버 다이버가 대중적인 스포츠로 자리를 잡았다. 그리고 그가 개발한 수중촬영 기술은 해저에 대한 일반인의 사랑을 불러일으켰고, 해양 환경 보호를 위한 경각심을 심어 주었다.

연 대 기

1910	프랑스의 상앙-드레데쿠자에서 출생
1930~33	프랑스 해군사관학교에서 공학사 학위 수여 프랑스 해군 입대
1943	프랑스 기술자 에밀 가낭과 아쿠아렁을 개발하고 처음으로 〈18미터 수심 아래〉라는 영화를 제작
1945	잠수 연구팀을 결성
1951	조사선 칼립소가 홍해에 최초 조사 항해에 나섬
1953	첫 저서 《침묵의 세계》를 출판하고 나중에 영화로 제작
1957	프랑스 해군에서 제대하여 모나코의 해양연구소장으로 임명됨
1962~65	장기적으로 인간이 해저에 살 수 있는지의 여부를 알기 위해 콘셀프 프로젝트를 실행

1964	영화 〈태양이 없는 세계〉 제작
1968	8년 동안 TV 프로그램 〈자크 쿠스토의 해저 세계〉 방송
1974	쿠스토학회 설립
1997	87세. 호흡기 질환과 심장 발작으로 사망

> 상어 행동 연구가로
> 전 세계적으로 이름난
> 그녀의 연구 활동으로
> 인해 인류는 해양 생물에
> 한 걸음 더 접근할
> 수 있었다.

해양 생물 연구를 향한 멈추지 않는 지성,

유지니 클라크

상어 전문가

뉴욕 퀸즈에 사는 한 소녀가 박물학자 윌리엄 비브가 잠수구를 타고 심해 깊숙이 잠수한다는 내용을 쓴 책을 우연히 접했다. 비브가 쓴 책에 나오는 신비하고 매혹적인 해양 생물에 대한 이야기는 이 소녀의 호기심을 자극했다.

그날 이후 소녀의 인생 목표는 비브와 같이 신비한 해양 생물을 찾는 탐험가가 되는 것으로 자리 잡았다.

소녀가 어머니에게 자신의 꿈에 대해서 이야기하자, 소녀의 어머니는 열심히 공부하면 언젠가 비브와 같은 해양 탐험가의 비서 정도는 될 수 있을 거라고 시큰둥하게 대답했다. 소녀의 이름은 유지니 클라크였다.

그녀는 자신의 꿈을 이루기 위해 한 계단 한 계단 차근차근 밟아 나갔고, 훗날 유명한 어류학자이자 세계적으로 명성을 날린 상어 전문가가 되었다.

이랴앗!
이히힝힝~
짜증나~~

어린 시절, 물고기와 사랑에 빠지다

유지니 클라크는 1922년 5월 4일, 찰스와 유미코 사이에서 태어났다. 그녀의 어머니는 수영 강사였고, 아버지는 사설 수영장의 관리자였다. 유지니의 아버지가 세상을 떠난 건 그녀가 채 두 살도 되기 전이었지만 그 즈음 그녀는 이미 수영을 할 줄 알았다. 유지니와 어머니는 퀸즈에 사는 유지니의 일본인 할머니와 같이 살면서 롱아일랜드 해변으로 종종 수영을 하러 갔다.

유지니의 어머니는 가족을 부양하기 위해 시내 체육회관의 로비에 있는, 신문과 담배를 파는 편의점에서 일했다. 유지니는 토요일마다 엄마를 따라갔다. 근처 뉴욕 수족관에 있는 큰 수조에서 물고기들이 빠르고 우아하게 헤엄치는 것을 보면서 점심시간이 될 때까지 엄마가 돌아오기를 기다렸다. 물고기 키우는 데 흥미를 느낀 유지니는 집에 60리터들이 수조를 장만하고 물고기를 기르기 시작했다. 그리고 퀸즈 구역 수족관협회의 가장 어린 회원이 되었으며, 물고기를 관찰한 결과를 기록하는 법을 배웠다. 고등학교를 입학할 무렵, 유지니의 집은 애완용 뱀, 두꺼비, 도롱뇽, 악어가 돌아다니는 작은 정글이 되어 있었다. 당연히 유지니가 가장 좋아하는 과목은 생물학이었다.

고등학교를 졸업한 후, 유지니는 뉴욕 시에 있는 헌터 대학 생물학과에 입학했다. 대학에서 가르치는 모든 동물학 수업을 듣는 것은 물론이고, 여름 동안에는 미시간 대학 생물학연구소에서 동물학과 식물학 현장 수업을 받았다. 1942년 학사 학위를 딴 후, 그녀는 뉴저지 주에 소재한 셀라니즈 회사 산하의 플라스틱 연구실에서 화학자로 일했다. 그리고 같은 해 그녀는 히데오 우마키란 조종사와 결혼했지만 같이 보낸 시간은 그다지 길지 않았다. 남편은 육군에서 복무하는 군인이었고 장기간 해외에서 근무했다. 결국 그들은 1949년에 이혼했다.

유지니는 동물학, 좀 더 정확히 말하면 물고기에 대해 연구하는 학문인 어류학을 공부하기 위해 뉴욕 대학 대학원에 입학했다. 그녀는 미국 자연사박물관의 어류 분야의 관리자가 되었으며, 어류학을 강의했던 찰스 브레더 박사의 지도 아래 팽창어 종류(복어, 쥐치, 거북복, 개복치 등이 여기에 속한다)들이 어떻게 몸을 부풀리는지에 대해 연구했다. 브레더 박사는 유지니가 수행한 연구에 매우 만족하여 그녀의 연구 결과를 박물관 관련 과학 잡지인 〈미국 자연사박물관 보고서〉에 〈복어류 내장의 해부학적 특징과 부풀리기 현상의 연관성〉이란 제목으로 발표했다.

유지니는 1954년 펜실베이니아 주에 있는 피츠버그 시에서 개

최되었던 미국 어류학회와 파충류학회에서 스크립스 해양연구소에서 온 칼 허브 박사를 만났다. 1946년에 유지니가 뉴욕 대학에서 동물학 석사 학위를 받았을 때, 그녀는 허브 박사의 보조 연구원으로 그를 도왔다. 그리고 다시 그의 지도 아래 박사 학위를 위한 연구를 시작했다.

허브 박사는 유지니에게 수경을 쓰고 잠수하는 방법뿐만 아니라 머리에 무거운 금속제 헬멧을 쓰고 기다란 호스를 통해 호흡을 하면서 바다 밑바닥에서 걷는 법을 가르쳤다. 쿠스토가 개발한 스쿠버 장비가 아직 널리 보급되지 않았던 때였다.

존경받는 어류학자

1947년 미국 어류야생동물관리국은 필리핀 주위 바다의 물고기를 연구하기 위해 유지니를 고용하기로 했다. 하지만 그 과정에서 유지니가 여자라는 이유 때문에 결정이 미루어지는 바람에 그녀는 하와이에서 상당한 기간 동안 체류해야 했다. 실망이 컸지만, 유지니는 그렇게 뜻하지 않게 하와이에 머무는 동안에도 섬 주변의 바다를 탐험하고 작은 열대 복어를 연구하면서 시간을 보냈다. 결국 뉴욕 대학으로 돌아온 유지니는 마이런 고든 교수의 감독 아래 플래티스platies라는 이름의 물고기와 황새치의 교미 습성에 관한 자신의 박사 학위 논문 연구를 계속했다.

플래티스와 황새치를 연구하는 동안 이상한 점을 발견했다. 수족관에서는 플래티스와 황새치 사이의 잡종 어류가 태어났지만, 이상하게도 야생에서는 이 잡종 어류를 전혀 찾을 수 없었던 것이다. 유지니는 플래티스의 짝짓기 행위를 자세히 관찰하고 이 두 가지 물고기를 서로 비교해 보았다. 이 연구 결과, 같은 종의 정자와 난자가 만나는 것이 서로 다른 종의 정자와 난자가 만나는 것보다 유리하다는 점을 깨달았다. 이러한 사실은 두 가지 종류의 수컷 어류가 한 가지 종류의 암컷과 교미를 해 암컷 체내에 정자를 삽입하더라도 암컷과 같은 종의 정자가 성공적으로 난자를 수정시킬 수 있는 확률이 훨씬 높다는 점을 의미했다. 유지니는 이와 같은 학술적 성과 이외에, 미국에서 최초로 어류의 인공 수정

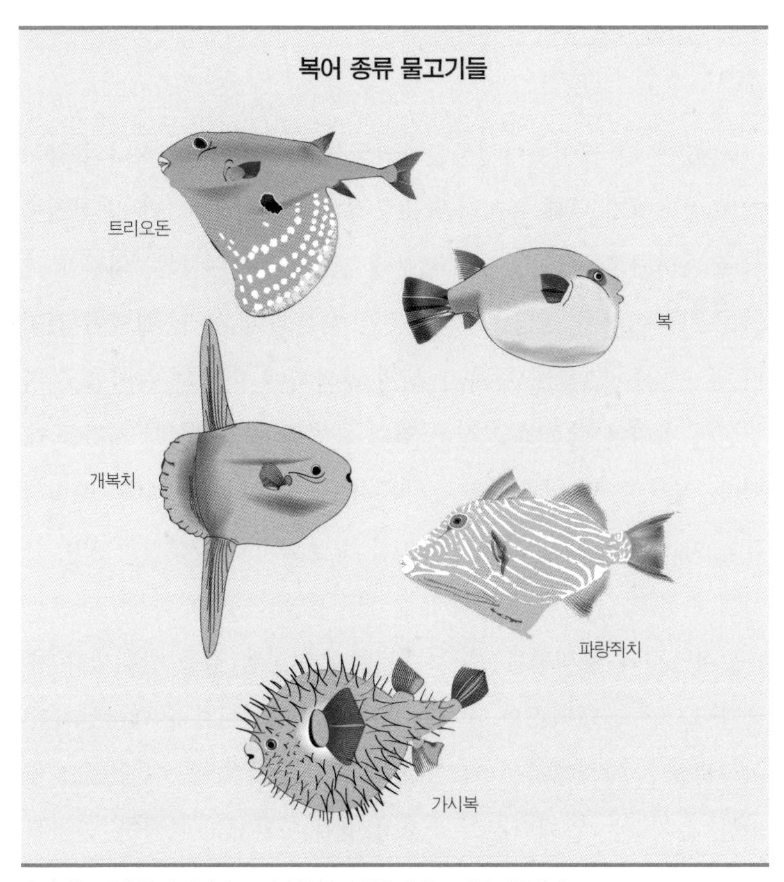

유지니는 일생 동안 다양하고 기이한 복어 종류의 물고기를 연구했다.

을 유도하는 데 성공하여 조금씩 학계에 이름을 알리기 시작했다.

1949년 동물학 박사 학위 과정을 밟고 있던 중에 유지니는 남태평양 미크로네시아에 있는 미 해군 연구소에 일자리를 얻었다. 미국이 2차 세계대전의 결과물로 남태평양에 있는 섬들에서 주권을 행사하게 됨에 따라 미 해군은 이 지역에서 어획을 하는 것이 경제적인 가치가 있는지의 여부와 함께, 어떤 어류가 식용으로 안전하고 어떤 어류가 독을 함유하고 있는지 알고 싶어 했다. 유지니가 물고기를 모으는 데 쓴 방법 중 하나는 조수 웅덩이에 로테논을 첨가하는 것이었다. 로테논은 식물 뿌리에서 추출할 수 있는 화학 물질인데, 물고기를 기절시켜 수면으로 떠오르게 하는 데 매우 큰 효과를 발휘했다. 로테논은 독성이 거의 없어 인체에 해롭지 않을 뿐만 아니라 다른 식물체에도 손상을 주지 않기 때문에 환경적으로 매우 안전했다. 몸집이 너무 작든지 해조류에 숨어 있어서 잡기 어려운 물고기를 수집하기 위해서는 이 방법을 쓰는 것이 가장 효과적이었다.

유지니는 태평양의 미크로네시아에서 수집한 수백 종의 표본과 복어를 포르말린이나 알코올에 담가 미국 자연사박물관으로 배에 실어 보냈다. 한편 코로르의 팔라누아 섬에서는 창으로 물고기를 잡는 기술이 뛰어난 사람에게서 물밑에서 오랫동안 숨을 참는 방법과 산호초 부근에서 창으로 물고기 잡는 법을 배웠다. 그동안 그녀는 예전에 한 번도 본 적이 없는 새로운 종류의 복어를 발견했고, 상어보다 더욱 날카로운 이빨을 가진 바라쿠다와도 자주 마주쳤다. 이렇게 섬에 사는 원주민들을 만나 그들의 문화를 경험하는 것은, 유지니로서는 이 지역의 풍족한 해양 생물을 관찰하는 것만큼이나 소중한 경험이었다.

1950년 유지니는 뉴욕 대학에서 동물학 박사 학위를 받았고, 중동 지방 홍해에서의 어류 연구를 지원하는 풀브라이트 장학금의 수혜자가 되었다.

홍해는 매우 따뜻하고 염분 농도가 높았다. 홍해라는 이름은 바다 표층에 살고 있는 작고 붉은색 조류(바닷말) 때문에 붙은 것이었다. 유지니는 말미잘과 광대고기(울긋불긋한 줄이 있는 작은 물고기) 사이에 공생관계를 설명하는 논문을 읽었으며, 여러 가지 자료를 바탕으로 홍해와 열대 태평양 사이에 비슷한 점이 많다는 사실을 발견했다. 그리고 유지니는 몇 년 전 연구한 적이 있는 열대 복어와 같은 종류가 홍해에서도 살고 있다는 사실을 알아냈다. 여러 가지 흥미로운 점이 많았지만 지난 70년 동안 홍해의 물고기를 과학적으로 분석한 사람은 아무도 없었다.

이집트의 가다카에 있는 해양생물학연구소를 본부로 사용하면서 유지니는 현장 조사를 시작했다. 300종이 넘는 표본을 수집했고 이들에 대해 자세한 기록과 설명을 꼼꼼하게 정리했다. 최종적으로 세 종류의 새로운 물고기를 발견했으며, 수많은 해양 생물을 해부하여 많은 기록을 남겼다. 그녀가 찾은 물고기 가운데 중독성이 있는 것은 복어 종류뿐이었다. 유지니는 여러 편의 과학 논문을 발표하는 한편 자서전인 《창을 든 여인》을 출간했다. 이 책에는 유지니 자신이 홍해를 탐험하는 과정이 담겨 있었고, 대중적으로 큰 성공을 거두었다.

홍해에서 뉴욕으로 돌아온 뒤 유지니는 헌터 대학에서 생물학을 가르쳤고, 미국 자연사박물관에서 어류학 연구를 계속했다. 이미 대중적으로 널리 알려져 있던 그녀는 미국을 순회하면서 여러 곳에서 강연을 하기도 했다.

그녀의 연구실

플로리다에 살고 있는 엄청난 부자의 아들이 유지니가 쓴 자서전을 읽고 해양 생물에 흥미를 갖게 된 것은 참으로 고무적인 일이었다. 안느 반드빌트라고 하는 이 부자는 유지니와 남편 윌리엄을 케이프 헤이즈 반도에 있는 자신의 집으로 초대했다. 반드빌트는 자신의 집 근처에 해양 실험실을 만들어 유지니가 연구를 계속할 수 있도록 해 주었다. 이후 반드빌트 가문은 오랫동안 유지니의 연구를 지원했다. 이 해양생물연구소가 문을 연 것은 1955년의 일이었다.

유지니는 새 실험실에서 흥미로운 실험에 착수했다. 줄무늬농어라고 하는 물고기에 관한 것이었다.

유지니는 알을 품고 있는 줄무늬농어를 보고 그 물고기가 암컷일 것이라 생각했지만, 이상하게도 주변에 수컷 물고기가 보이지 않았다. 줄무늬농어를 해부하여 현미경으로 관찰한 결과 놀라운 사실을 알아냈다. 한 마리의 물고기에서 난자뿐만 아니라 정자 또한 찾아낸 것이다. 이 물고기는 수컷과 암컷의 생식기관을 둘 다 가지고 있는 암수 동체였다. 이 물고기는 10초 내에 수컷에서 암컷으로 변할 수 있었고, 동시에 몸 색깔도 바꿀 수 있었다. 뿐만 아니라 자신의 정자로 스스로 난자를 수정시킬 수도 있었다.

어느 날 유지니는 잉글랜드 의학연구소의 존 헬러 박사로부터 물고기의 신선한 간을 대량으로 구할 수 있는 방법에 대한 의뢰를 받았다. 이때를 계기로 유지니는 그동안 해 왔던 물고기 연구에서 상어 연구로 관심 분야를 바꾸었다. 귀상어, 주걱치, 모조리상어, 뱀상어, 흉상어 등 연안에 사는 열여덟 종류에 달하는 상어의 특징을 분류했다. 그리고 상어가 무엇을 먹이로 하는지 알기 위해 상어를 수백 번 해부했다. 상어의 위에 있는 내용물을 조사한 결과, 상어는 작은 물고기와 게, 뱀장어, 문어 그리고 다른 상어를 잡아먹는다는 사실을 알아냈다.

유지니는 상어를 살아 있는 상태로 관찰하기 위해 부두 끝에 상어를 가두는 가두리를 지었다. 코넬 대학의 상어 전문가인 페리 길버트 박사는 상어를 안전하게 운반할 수 있도록 약 10분 정도 기절시키는 방법을 전해 주었다. 방법은 간단했다. 상어의 주둥이와 아가미에 화학약품을 뿌리는 것이었다.

이후 12년 넘게 유지니는 케이프 헤이즈 해양연구소를 운영하며 상어에 관한 전문가가 되었다. 사람들은 유지니에게 '상어 부인shark lady'이라는 별명을 붙여 주었다. 1960년대 초 헤이즈 연구소는 사라소타로 자리를 옮겼다. 이후로는 미국 과학재단과 해군 연구소에서 실험실을 확장하고 상어 가두리의 수를 늘리는 등 유지니가 관련 연구를 하는 데 필요한 연구비를 지원해 주었다.

상어의 행동

대부분의 사람들이 상어가 매우 위험하고 미련한 생물이라고 단정 짓고 있었지만, 실제로 상어의 행동을 조사하고 연구한 사람은 없었다. 유지니는 어느 날 가두리에 갇혀 있는 레몬상어가 가두리 가장자리에서 서성대는 것을 보았다. 레몬상어의 그러한 행동은 며칠 동안 계속되었다. 유지니는 레몬상어가 먹이를 먹고 싶어서 이러한 행동을 하는 것으로 판단하고 상어를 길들이기로 마음먹었다. 유지니는 상어에게 학습능력이 있다고 믿었다.

먹이와 종소리를 연관시킨 교육을 실시하기 위해 유지니는 정사각형의 나무 상자를 하얗게 칠하고 거기에 종과 물고기를 매단 다음 물속으로 내렸다. 상어가 미끼를 향해 다가가서 나무 상자에 부딪히며 먹이를 채갈 때면 종소리가 났다. 3일 후부터는 먹이를 먼저 주지 않고 상어가 나무 상자에 부딪친 뒤에야 물고기를 내려 주었다. 그렇게 해서 점점 멀리 떨어진 곳으로 상어를 유도할 수 있었다.

이 실험을 통해 유지니는 상어가 색과 형태를 구분할 수 있다는 사실을 증명했다. 유지니는 이 실험으로, 상어가 무자비한 살인마가 아니라 배우고 기억할 수 있는 능력을 가진 지적 생명체라는 사실을 보여 주고 싶어 했다.

1965년 어류학자였던 일본의 아키히토 왕은 유지니를 손님으로 초대했다. 일본에 있는 동안 유지니는 잘 훈련된 레몬상어를 일왕에게 보여 주었다. 그녀는 일왕이 한 번도 잠수를 해 본 적이 없다는 것을 알고는, 2년 뒤인 1967년 일왕이 남아메리카에서 일본으로 돌아가는 도중 사라소타에 잠시 들렀을 때, 새벽녘 기자들을 따돌리고 직접 일왕에게 스킨 다이빙을 가르쳤다.

뉴욕과 메릴랜드에서의 생활

유지니의 주요한 연구 대상이 상어이기는 했지만, 그녀는 다른 과학적 활동에도 활발하게 참여했다. 민물 호수를 탐사하여 7,000년 이상 된 고대 인류의 뼈를 발굴했고, 북아메리카 원주민의 생활 흔적을 발견하기도 했다. 그리고 1959년에 유지니는 수심 64미터까지 잠수하여 여자로서는 최고 기록을 달성했다.

1964년 국가지리학회에서 후원하는 중동 탐사 기간 동안 유지니는 가족과 함께 여행했다. 그동안 이스라엘의 엘리트 근해에서 바닷장어의 한 종류를 조사했고, 홍해에서 찾아낸 도루묵 종의 신종 물고기의 학명은 막내아들 니키의 이름을 따서 richonotous nikii라고 지었다.

1967년 유지니는 콘스탄티누와 이혼하고 챈들러 브로사드란 작가와 결혼했다. 결혼 후 그녀는 4명의 자식과 함께 뉴욕으로 돌아왔으며, 몇 년 후에 자식들은 멕시코 만의 따뜻한 기후와 바다를 그리워하여 플로리다로 돌아갔다.

실험실을 떠날 때, 그녀는 코넬 대학의 페리 길버트 박사를 후임 소장으로 추천했다. 윌리엄 모우트란 사업가가 연구비를 지원하여 연구소는 규모를 크게 키웠고 연구소의 이름도 지원한 사업가의 이름을 따라, 모우트 해양연구소로 바꾸었다. 이 연구소는 오늘날에도 상어, 해양포유류 그리고 바다거북, 생태독성학, 해안생태학과 같은 기본적인 연구와 함께 수산업 증진, 수산증양식 기술 개발 그리고 열대 관련 연구 등 다양한 종류의 해양 분야를 계속 연구하고 있다. 모우트 해양연구소는 학생을 가르치기도 하고 수족관 전시 프로그램을 운영하기도 하며, 돌고래와 고래를 위한 물고기 병원도 운영하고 있다.

2년 동안 유지니는 뉴욕 시립대학에서 동물학을 가르쳤고 뉴잉글랜드 의학연구소의 방문 교수로 지냈다. 1968년에는 메릴랜드 대학의 동물학과에서 일자리를 얻어 1973년 정교수로 승진했다. 1969년 그녀는 두 번째 자서전《여인과 상어》를 출판했다. 유지니가 해양 생물을 연구 하는 과정에서 발견한 것 대부분이 12편 이상의 글과 아름다운 사진으로 〈내셔널 지오그래픽〉 잡지에 실렸다. 1970년 유지니는 다시 이혼하고 이고르 크라쪼라고 하는 과학자와 결혼했지만 그와의 결혼 생활 역시 오래가지 못했다.

상어 퇴치제와 잠자는 상어들

1972년, 유지니는 모래에 서식하는 각시서대의 일종이 하얀 액체를 지느러미 옆에 있는 구멍을 통해 뿜어낸다는 사실을 발견했다. 사실 이러한 발견은 12년 전에 이미 한 것이었다. 당시에는 그다지 눈여겨보지 않았지만, 12년이 지난 후에는 유지니의 탐구욕을 강하게 자극했다.

각시서대의 몸에서 분출하는 액체는 독성이 강해서 유지니의 손가락 피부를 얼얼하게 마비시켰으며 적은 양으로도 보라성게와 산호초에 사는 물고기를 죽일 수 있었다. 유지니는 상어가 득실거리는 수조에 미끼로 각시서대를 놓았다. 하지만 상어들은 주둥이로 툭툭 건드리다가는 거칠게 머리를 흔들며 물러났다. 그리고 다른 물고기 아홉 종류와 함께 각시서대 한 마리를 24미터 깊이의 수조에 넣어 두었다. 식욕이 왕성한 상어들은 물고기들을 닥치는 대로 잡아먹었지만 끝까지 이 각시서대는 건드리지 않았다.

유지니는 각시서대를 물 위로 끌어올려 몸체를 알코올로 깨끗하게 닦고는 다시 수조에 넣었다. 그러자 상어가 재빠르게 잡아먹었다. 그리고 각시서대에서 추출한 하얀 액체를 작은 수조에 풀고 몸집이 작은 상어를 넣어 두자 상어는 6시간 만에 죽고 말았다.

모든 실험을 통해 유지니는 각시서대가 배출하는 하얀 액체를 상어 퇴치용으로 사용할 수 있을 것이라고 생각했다. 초기에는 이 연구가 매우 장래성 있어 보였다. 하지만 이 하얀 물질은 온도에 따라 매우 불안정한 반응을 보였고, 유리병 같은 것에 담기에도 부적합했다. 결국 각시서대의 몸에서 추출한 하얀 액체를 상어 퇴치용 상품으로 개발하려던 그녀의 계획은 무산되고 말았다.

이후 유지니는 상어 퇴치용 물질을 개발하겠다던 자신의 생각이 크게 잘못되었음을 깨달았다. 그러한 물질을 상품으로 판다면 사람들은 상어를 더욱 두려운 존재로 여기게 될 것이었다. 유지니가 아는 상어는 퇴치제 따위가 필요 없는 생물이었다. 상어가 사람에게 해를 끼치는 것보다 사람이 상어에게 끼치는 해가 훨씬 더 많았다. 그녀는 상어의 행동을 이해하고 그에 따라 행동하는 것이 상어의 공격을 막는 더 나은 방법이라고 다시 한 번 생각했다. 이후로 유지니는 상어의 행태와 습성을 일반인들에게 알리기 위해 더욱 노력을 기울였다. 나중에 유지니는 오히려 각시서대의 독성 물질에 대한 해독제를 만들었다. 그리고 이 해독제는 벌, 전갈, 뱀의 독에도 효과가 있다는 사실이 입증되었다.

어느 날 멕시코에 사는 유지니의 친구가 유카탄 반도의 해저 동굴에 사는 상어들의 사진을 보내 주었다. 그런데 사진 속의 상어들은 하나같이 잠을 자거나 조는 것 같은 비정상적인 행동을 보이고 있었다. 유지니는 이에 흥미를 느꼈고, 이 현상을 조사하기 위해 1975년 멕시코로 떠났다.

생물학자들의 과학적 상식에 의하면, 상어가 생존하기 위해서는 지속적으로 수영을 해야 한다. 그런데 사진 속의 상어들은 장시간 동굴 내에서 꼼짝도 하지 않고 머물러 있었다. 이 현상을 조사하는 과정에서 다른 상어들과는 달리 이 상어들은 산소를 얻기 위해 수영을 하는 대신 아가미로 물을 펌프질하고 있다는 사실을 알아냈다. 유지니는 민물이 지하 동굴로 스며들어 해수의 염분 농도를 낮추었고, 염분이 낮기 때문에 상어들이 혼수상태에 빠졌다고 결론지었다.

봉사활동

1970년대가 막바지에 이르렀을 무렵, 세계 도처에서 수질 오염이 심각한 문제로 대두되었다. 지구 여러 지역의 물이 오염의 위험에 노출되어 있었다. 중동 시나이 반도의 남쪽 끝에 위치한 라스 무함마드 해역은 잠수하기에 최적의 장소였다. 유지니는 이 지역과 홍해의 수질이 오염되지는 않을까 싶어 걱정이 태산이었다. 유지니는 그 해역을 국립공원으로 지정하도록 정부를 설득했다. 그렇게만 된다면 아름다운 산호초가 더 이상 피해를 보지 않게 될 것이고, 모터보트에 의해 산호초가 파괴되는 일도 막을 수 있을 것이라고 생각했다.

유지니의 노력 덕분에 이 해역은 1983년 국립공원으로 지정되었다. 이 해역은 현재 '해저의 에덴동산'이라고 불릴 정도로 아름다운 경관을 뽐내고 있다.

1981년, 바하 캘리포니아의 해안에서 유지니는 생애 처음으로 고래상어의 등에 올라탔다. 이 온순한 상어는 몸길이가 12미터까지 자라며 주로 플랑크톤을 먹는다. 하지만 문제가 생겼다. 그녀가 고래상어의 등에 올라탄 것을 본 사람들이 그녀의 흉내를 내기 시작한 것이다. 유지니는 이 온순한 해양 생물이 평화롭게 사는 것을 방해하지 않기 위해 다른 사람들을 말려야 했다.

1987년부터 1990년까지 유지니는 〈내셔널 지오그래픽〉지가 연구비를 지원하는 프로그램인 '비브 프로젝트'의 책임 과학자로 활동했다. 그녀는 수심 6킬로미터까지 잠수할 수 있는 심해잠수정을 타고 총 71회에 걸쳐 잠수를 했다. 가장 오래 잠수한 시간은 17시간 30분이었고, 가장 깊게 들어간 수심은 3,658미터였다.

해양과 관련한 영상물을 만드는 데에도 열정적으로 임했다. 특히 〈내셔널 지오그래픽〉이 후원하고 그녀가 자문한 1982년의 특집 TV 프로그램 〈상어〉는 TV 다큐멘터리 분야의 최고 영예인 닐슨 상을 수상했다. 그리고 1991년에는 작가 앤 맥거번과 함께 어린이를 위한 책《바다 아래의 사막》을 출판했다. 같은 해에 유지니는 고래상어를 연구하기 위해 호주의 닝갈루 산호초 해양공원을 방문했다. 그곳에서 그녀는 한 달 동안 머물며 200여 마리 고래상어의 식습관을 관찰했다.

1992년, 메릴랜드 대학에서 명예교수로서 공식적으로는 은퇴했지만, 유지니는 아직도 그곳에 자신의 사무실을 가지고 있으며, 세계 도처를 방문하며 활발한 활동을 펼치고 있다. 2004년에는 여든을 넘긴 나이에도 불구하고 남태평양 연구 탐사에 나서 노익장을 과시하기도 했다.

수십 년 동안 바다의 생물을 연구하면서 유지니는 물고기와 상어의 행동에 대한 뛰어난 연구 결과물들을 발표함으로써 생태학 분야의 발전에 큰 족적을 남겼다. 유지니는 열한 종류의 새로운 생물을 발견했으며, 165개 이상의 논문과 학술 기사를 썼고, 해양 생물 보호, 어류, 잠수 그리고 여성의 커리어와 관련한 200개가 넘는 라디오 · 텔레비전 프로그램에 자문을 하거나 제작에 참여했다.

유지니의 이와 같은 활동에 수많은 메달과 상이 주어진 것은 당연한 일이었다. NGS, 여성 지리학자협회, 메릴랜드 여성 명예의 전당, 미국 해양학회 외에 수많은 조직과 단체에서 그녀의 공로를 치하하기 위해 상을 수여했다. 매사추세츠 대학, 겔프 대학, 롱아일랜드 대학 등에서는 유지니에게 명예박사 학위를 주기도 했다. 뿐만 아니라 네 종류의 신종 어류의 학명에 그녀의 이름을 붙이기도 했다(Callogobius Clarki, Sticharium clarkae, Enneapterygius clarkae, 그리고 Atrobuccca geniae).

지금도 유지니는 해양 생물을 보호하고 제대로 알리기 위해 다른 이들을 가르치는 데 온 힘을 기울이고 있다.

상어

상어(강: Chondrichthyes, 아강: Elasmobranchii)는 공룡이 출현하기도 전인 4억 년 전에 지구상에 나타났다. 지구상에 370종류가 넘는 종이 알려져 있다. 지구상의 모든 바다에 살고 있으며, 심지어는 강과 호수에도 살고 있다. **연골어류**로, 딱딱한 뼈 대신 연골로 되어 있다. 경골어류는 물속에서 오르고 내리는 운동을 할 때 기체가 들어 있는 부레를 이용한다. 연골어류는 부레가 없는 대신 지방이 풍부하고 크기도 큼직한 간을 가지고 있다.

연골어류 턱이 있으며, 내부의 뼈가 연골로 되어 있는 어류. 예를 들면, 상어, 가오리, 홍어가 해당.

상어는 몸길이 15센티미터에서 15미터까지 크기가 다양하다. 상어의 몸은 헤엄치기에 적합하도록 유선형 모양을 하고 있으며, 잠을 자는 동안에도 헤엄을 칠 수 있다. 왜냐하면 이렇게 해야만 산소가 풍부한 물이 주둥이와 아가미를 통해 흘러 혈액에 산소를 공급되기 때문이다.

상어의 이빨은 열을 지어 여러 줄로 되어 있고, 자주 교체된다. 한꺼번에 3,000개 이상의 이빨을 가지고 있으며 일생 동안 수천 개의 이빨이 자동으로 빠졌다가 다시 난다. 상어는 청각과 시각, 후각이 매우 발달되어 있고, 다른 물고기를 잡아먹는 육식동물이다.

유지니 스스로가 이야기하듯, 그녀가 이룬 가장 큰 업적은 사람들이 상어를 올바르게 이해하도록 만든 것이다. 해변에서 상어가 사람을 공격했다고 하는 근거 없는 신문기사와 무책임한 할리우드의 영화조스 같은 때문에 대부분의 사람들은 상어를 사나운 인간 사냥꾼으로 생각하고 있다.

미국 연골어류학회와 플로리다 자연사박물관이 조사하여 전 세계에 보고하는 상어의 공격 건수를 보면, 2003년 한 해 동안 아무런 이유 없이 상어가 인간을 공격한 사례는 55건 정도이다. 상어는 바다에서 헤엄치고 있는 사람을 물고기나 돌고래, 해양 포유류 등으로 착각하는 경우가 훨씬 더 많다.

상어는 성체로 자라는 데 시간이 매우 오래 걸리며 새끼를 조금만 번식시키기 때문에 마구잡이로 포획할 경우 금세 멸종 위기에 처할 수 있다. 어쩌면 피해를 입는 쪽은 인간이 아니라 상어일지도 모른다.

연 대 기

1922	5월 4일에 뉴욕에서 태어남
1942	헌터 대학에서 동물학 학사 학위 수여
1942~46	미국 셀라니즈 주식회사에서 화학자로 근무
1946	뉴욕 대학교에서 동물학 석사 학위를 받음. 캘리포니아의 스크립스 해양연구소에서 칼 허브와 일하며 잠수 방법을 배움
1949	미 해군을 위해 남해에서 어류를 연구
1950	뉴욕 대학교에서 동물학 박사 학위를 받고 홍해의 어류를 연구하기 위한 풀브라이트 장학금 수여
1953	자서전《창을 든 여인》출판
1955	케이프 헤이즈 해양연구소(현재 모우트 해양연구소)를 창설하고 소장 역임
1958	상어의 학습에 관한 연구를 수행
1967	케이프 헤이즈 해양연구소를 떠남
1968	메릴랜드 대학에서 동물학과에 교수로 근무
1969	두 번째 자서전인《여인과 상어》를 출판

1972	홍해의 뱀장어와 각시서대를 연구하고 〈내셔널 지오그래픽〉지에 글을 씀
1973	메릴랜드 대학의 동물학과 정교수로 승진
1975	멕시코의 잠자는 상어들에 대한 현상을 연구
1979	홍해를 보호하기 위한 노력을 시작
1987	비브 프로젝트의 책임 과학자가 되어 잠수함을 타고 잠수 시작
1992	메릴랜드 대학의 여성 명예 교수가 되고, 교육, 연구, 기고 등을 계속함
1999	대학교 강의에서 은퇴하지만 잠수와 어류 · 상어 연구를 계속

실비아 얼의 해양에
관한 지식은
해양 환경 보전을 위한
초석이 되었다.

땅 위에서 태어난 바다 인간,

실비아 얼

Sylvia Earle
(1935~)

해양 연구를 위하여 스쿠버 장비를 사용한 선구자

대부분의 사람들은 대학에서 전공을 선택하기 전까지는 일생 동안 무엇을 하며 살아야 할지, 어떤 직업을 가질지에 대해서 알지 못한다. 더구나 초등학교에 입학하기 전까지는 더더욱 그렇다. 하지만 실비아 얼은 세 살 때 해변에서 파도에 휩쓸려 넘어졌을 때부터 자신이 해양 연구의 숙명을 타고났음을 깨달았을지도 모른다. 대부분의 꼬마 아이들이 이런 경우 울어대며 엄마를 찾는 대신, 실비아는 파도에 부딪쳐 넘어지면서도 웃음을 잃지 않았고, 오히려 밀려오는 파도를 향해 두 팔을 벌렸다.

실비아는 심해 잠수 기록을 세웠을 뿐만 아니라 바다에 대한 국민적인 교육 프로그램이 필요하다고 주장하면서 일생 동안 스스로를 강하게 채찍질했다. 그녀는 해양 연구 프로그램을 진행하면서 스쿠버를 필수적인 장비로 사용했으며, 직접 바다 속을 탐사하며 다닌 동안 여러 종류의 신종 해양 생물을 발견했다.

실비아의 전문 분야는 조류학, 즉 김이나 미역, 식물 플랑크톤과 같은 바닷말을 연구하는 해양식물학이었지만, 무게가 40톤이나 나가는 고래들과 함께 수영을 하는 등의 왕성한 활동가이기도 했다.

7,000시간 이상의 잠수를 기록하여 '심해 부인'이라는 별명을 얻기도 했다.

바다사랑
바다를 모르면 간첩이다!

농장에서 해안으로

어린 실비아가 자연의 세계에 흥미를 느끼는 데 가장 큰 역할을 한 사람은 그녀의 어머니였다. 실비아의 가족은 뉴저지 폴스보로 교외의 농장에서 살았고, 실비아는 집 주위의 연못, 냇가 그리고 과수원을 돌아다니는 것을 좋아했다. 그럴 때 그녀의 어머니는 자연의 생명에 대해 많은 이야기를 들려주었다. 실비아는 자신이 생물학자가 되기를 원한다는 것을 일찍 깨달았다. 그래서 그녀는 농장 주위의 야생 생물을 관찰하고 기록하면서 오후 시간을 보내고는 했다.

그녀가 열두 살이 되었을 때, 가족은 플로리다 주 드네딘으로 이사를 했다. 공교롭게도 새 집의 뒷마당은 멕시코 해안과 이어져 있었다. 그해에 실비아는 생일 선물로 물안경을 받았다. 그녀는 박물학자 윌리엄 비브의 책을 즐겨 읽으며 언젠가는 책에 나오는 기묘하고 신비로운 해양 생물들을 직접 자신의 눈으로 보게 될 것이라고 기대했다.

실비아가 물속으로 처음 잠수를 한 것은 친구네 가족을 따라 위키와치 강에 갔을 때였다. 당시 실비아는 구리로 만든 잠수용 헬멧을 쓰고 있었는데 이 헬멧은 강가에 있는 공기 압축기와 호스로 연결되어 있었다. 잠수한 지 20분이 지났을 때, 공기 펌프가 고장 나는 바람에 실비아는 어린 나이에 목숨을 잃을 뻔했다. 첫 잠수에서 간신히 구조되는 소동을 빚었지만, 그녀는 물속에서 물고기 떼가 바로 곁으로 지나가는 광경을 지켜보며 거의 넋이 나갔다. 때문에 이후로 잠수에 대해 두려움을 갖지 않았고, 그녀의 잠수는 계속되었다.

해조류 전문가

실비아는 열일곱 살에 플로리다 주립대학의 해럴드 험 박사가 강의하는 여름 해양생물학 특강에 참여했다. 그녀는 스쿠버 장비를 사용하는 법을 배웠고, 물고기를 좇으며 바다 속을 유영하기를 즐겼다.

1955년 플로리다 주립대학에서 학사 학위를 딴 뒤 실비아는 여러 명문 대학원에 지원하여 합격했다. 그녀는 자신이 합격한 대학원 가운데 전액 장학금을 받는 조건으로 험 박사가 있는 노스캐롤라이나 더햄의 듀크 대학을 선택했다. 석사 과정에서는 해양생물학을 전공했는데, 특히 해조류에 관심을 가지고 멕시코 만의 해조류를 집중적으로 수집하여 20,000개 이상의 표본을 만들었다. 그리고 1956년, 겨우 스무 살의 나이에 식물학 석사 학위를 받았다.

1956년은 실비아의 인생에 황금과 같은 시기였다. 그해에 동물학자인 존 테일러와 가정을 이루었기 때문이다. 그들 부부는 드네딘에 있는 실비아의 부모네 바로 옆에 집을 구하고 차고를 임시 실험실로 개조하여 캐비닛과 현미경을 두고 같이 일했다. 이듬해에 딸 엘리자베스가 태어났고, 1962년에는 아들 존을 얻었다.

1964년 실비아는 국가과학재단이 지원하는 인도양 조사 사업에 안톤 브런 호를 타고 참여했다. 여기에는 큰 행운이 따랐다. 당초 그 조사 사업에 참여할 예정이었던 해양식물학자가 갑작스러운 사정으로 참여할 수 없게 되자 험 박사가 대신 실비아를 추천한 것이었다.

일부 사람들은 배에 여자가 타면 불운이 따른다는 터부를 지나치게 믿은 나머지 실비아의 합류를 반기지 않았다. 하지만 조사가 진행되는 동안 70명의 승무원들은 하나같이 그녀의 열정과 노력에 탄복했다. 그녀는 가능한 한 많은 시간을 물속에서 탐험하는 데 보내고 싶어 했고, 이러한 활동을 통해 선홍색으로 빛나는 해조류의 새로운 종류를 발견하기도 했다. 실비아는 이 신종 해조류에 스승의 이름을 붙여 Hummbrella hydra라고 불렀다. 그 후 2년 동안 실비아는 같은 배를 타고 네 번 더 탐사에 나섰고, 저명한 어류학자인 유지니 클라크와 친분을 맺었다. 해양 생태계의 **먹이사슬**에서 해조류가 어떤 역할을 하는지 십여 년 동안 연

먹이사슬 생태계의 최초 생산자로부터 최종 소비자에 이르기까지 각 영양 단계를 통과하는 에너지의 흐름이 사슬의 형태로 전달되는 경로를 의미한다. 최근에는 먹이사슬보다는 먹이망의 개념이 더 많이 사용되고 있다.

구하면서, 실비아는 해양 오염이 해양 식물에 장기적으로 중요한 악영향을 주게 된다는 사실을 깨닫게 된다.

1966년 실비아는 박사 학위 논문인 〈멕시코 만 동해안의 **갈조류**〉를 완성하여 발표했다. 듀크 대학에서 식물학 박사 학위를 받은 그녀는 유지니 클라크 박사가 설립한 사라소타의 케이프 헤이즈 해양연구소의 임시 소장을 맡게 된

갈조류 해조류의 일종으로 주로 갈색을 띠고 크산토필 색소를 가지고 있음. 미역과 다시마가 여기에 해당.

다. 그다음 해에는 래드클리프 연구소의 전임연구원이 된 동시에 하버드 대학교의 팔로 하브리움 연구소에서 초빙 과학자로 일하게 되었다. 두 연구소에서 그녀가 주로 하는 일은 조류, 진균류, 선태식물이끼류 표본을 보관하는 것이었다. 1968년에는 잠수정 딥 다이버를 타고 수심 30미터까지 잠수했다.

1975년 하버드 대학은 실비아를 전임연구원으로 승진시켰다. 그녀는 생물과 환경 사이의 상호관계를 연구하는 해양생태학에 특히 흥미가 많았기 때문에 물속을 수없이 잠수하면서 생물과 환경의 관계에 대해 연구했다.

해저 주택

텍타이트 I 프로젝트는 수심 15미터에 해저 주택을 짓고 과학자 4명이 60일 동안 머물면서 여러 가지 실험을 수행하는 야심찬 과학 연구 계획으로, 1969년 버진 아일랜드 근처에서 실시되었다. 실비아는 어느 날 텍타이트 II 프로젝트에 필요한 사람을 모집한다는 공고를 보았다. 1차 프로젝트보다 한 단계 발전한 이 프로젝트는 **포화잠수**로 잠수할 수 있는 깊이와, 실제 이 잠수방법을 응용하는 것이 가능한지를 알아보는 것이 가장 큰 목적이었다. NASA

포화잠수 잠수부의 신체 조직이 특정 압력에서 흡수할 수 있는 질소나 다른 종류의 불활성기체를 모두 흡수했을 때 이를 포화상태라고 하는데, 이 상태에서는 더 이상의 기체는 신체가 흡수하지 않음. 잠수부의 신체가 어떤 특정 수심에서 포화상태에 있을 때 어떤 감압의 시간적 증가 없이 필요한 만큼 머무를 수 있는데 이러한 잠수를 가리킴.

는 이 프로젝트를 통해 비정상적으로 좁은 환경에서 사람이 장시간 있게 되면 어떠한 일이 일어날지에 대해서 알고 싶어 했다.

실비아의 경력은 이 프로젝트에 선정되기에 충분했다. 실비아는 육식 어류가 해양 식물에 어떤 영향을 줄 수 있는가에 대한 연구를 하겠다는 계획서를 제출했다. 물론 실비아의 연구 계획서는 매우 훌륭한 것이었다. 게다가 실비아의 잠수 시간은 1,000시간으로, 다른 지원자들보다 잠수 경험이 풍부했지만 해군은 실비아가 여자라는 이유만으로 선정하는 데 주저했다. 대신 해군은 실비아를 대장으로 하여, 전 대원이 여자로 구성된 2주일간의 프로그램을 별도로 만들었다.

해저 주택에는 카펫, 텔레비전, 2층 침대, 샤워기, 냉동식품 조리용 오븐이 갖추어져 있었다. 위층은 작업 공간으로 현미경 등의 과학기구와 통신실이 마련되어 있었다. 잠수부는 이 주택으로 들어가기 위하여 사다리를 타고 물속으로 내려가게 되어 있었다. 주택 내에 차 있는 공기압이 주택 내로 물이 차오르는 것을 방지하게끔 설계되어 있었다. NASA 심리학자들은 5명의 과학자들을 지속적으로 감시했고, 매 6분마다 그들의 활동을 기록했다.

실비아가 해양 생물을 조사한 것은 주로 이른 새벽의 어두울 때였다. 그녀는 이 조용한 시간에 물고기 하나하나의 움직임을 관찰하는 것을 특히 즐겼다. 실비아와 또 다른 한 명의 대원은 스쿠버 탱크 대신 새로 만든 수중 호흡기를 시험했다. 수중 호흡기는 스쿠버 탱크보다 가격이 비싸고 준비하는 게 까다로웠지만, 잠수부들이 4시간 동안 수중에 머물게 해 주었으며 소음이 거의 없었기 때문에 물고기가 우는 소리나 산호를 이빨로 갉는 소리까지 들을 수 있었다. 2주일 뒤 다섯 명의 과학자들은 신체가 정상 대기압에 다시 적응하도록 하기 위해 감압실에서 19시간을 지내야 했다.

실비아는 버진 아일랜드 섬에서 154종의 식물을 보고했으며, 이 가운데 26종이 이전까지 전혀 보고된 적이 없는 생물종이었다. 또한 육식성 물고기가 해양 식물의 **군집** 수에 크게 영향을 미친다는 사실을 확인했고, 다양한 종류의 물고기가 어떻게 수면을 취하는지에 대해 알아냈으며, 물고기 하나하나가 사람처럼 좋아하는 먹이와 싫어하는 먹이가 있다는 사실도 알게 되었다. 실비아는 〈내셔널 지오그래픽〉지에 글을 쓰기 시작했고, 해양 생물에 대한 일반인들의 관심을 유도하는 여러 가지 영상물을 만들었다. 실비아는 인류가 바다를 더 잘 이해함으로써 해양 환경을 보호할 수 있게 될 것이라고 굳게 믿었다.

군집 자연계 내에서 동일 시점에서 특정 지리적 구역 내에 서식하는 여러 개체군의 집단.

혹등고래와 함께 수영하다

1976년, 실비아는 캘리포니아 과학위원회의 연구원이자 캘리포니아 대학교 버클리 분교에 있는 캘리포니아 대학 부설 자연사 박물관의 식물학 초빙 과학자가 되었다. 1977년 겨울 동안 실비아는 혹등고래 전문가인 패인 부부와 함께 혹등고래를 연구하는 프로젝트를 시작했다. 혹등고래는 하와이에서 짝짓기를 하고 이동하여 알래스카에서 먹이를 구해 새끼를 낳는 것으로 알려져 있었다. 이러한 사실은 대부분 죽은 고래의 사체를 조사함으로써 알아낸 것이었으므로 자연 환경에서 고래를 연구하면 더 많은 것을 알아낼 수 있을 거라고 실비아는 생각했다.

1960년대에 로저 패인은 고래가 내는 소리를 녹음하기 위하여 수중에 마이크를 설치하여 삐걱대는 소리, 꿀꿀거리는 소리, 신

1970년, 여자들만으로 구성된 텍타이트 II 팀의 대장을 맡은 실비아가 대원들을 훈련시키고 있다.

음소리와 같은 고래의 다양한 소리를 얻는 데 성공했다. 그때 이후로 생물학자들은 수컷 고래만이 독특한 화음을 가진 소리를 내고, 이 소리는 20분 동안 지속되면서 32킬로미터 밖에서도 충분히 들을 수 있다는 사실을 알아냈다. 물속에 있을 때 고래가 소리를 내면, 그 진동이 실비아의 몸까지 떨리게 만들 정도였다. 고래를 따라다니면서 실비아는 각각의 고래가 머리, 지느러미, 꼬리 몸 아래의 독특한 무늬로 개개의 고래를 구분할 수 있다는 사실을 배웠다. 그녀는 영화제작자 알 기딩과 협력하여 혹등고래에 관한 영화 〈태평양의 온순한 거인〉을 만들기도 했다.

잠수 기록을 깨다

어느 날, 실비아는 '짐 잠수복'을 입고 잠수를 시도해 보기로 마음먹었다. 짐 잠수복은 우주복과 비슷하며 사람이 해저에서 걸을 수 있도록 설계되어 있었다. 짐 잠수복은 수중 기계나 해저 유정 굴착장치를 수리하는 사람들이 주로 사용했다. 과학자가 이 잠수복을 연구 목적으로 사용한 적은 단 한 번도 없었다. 영화제작자 기딩은 TV 특집 프로그램으로 실비아가 수심 300미터 해저를 걷는 모습을 찍어 방영하면 크게 히트할 것이라고 생각했다.

짐 잠수복을 만드는 데 사용되는 천은 심해의 강한 수압을 견딜 수 있게 마그네슘으로 만들었으며, 강철 집게로 물건을 집을 수 있도록 되어 있었다. 그리고 만약의 사태에 대비하여 짐 잠수복은 함께 작업하는 잠수정과 케이블로 연결되어 있었다.

1979년 10월 19일, 실비아는 이 도전을 즐겁게 받아들였고 수심 381미터 해저까지 잠수했다. 짐 잠수복을 입고 해저를 어기적어기적 걸어가면서 길이 2.1미터의 대형 가오리와 대형 게가 옆으로 지나가는 것을 보았다. 뿐만 아니라 그녀는 핑크색 부채꼴 산호, 해파리, 괭이상어, 야광 물고기, 납작앨퉁이, 연분홍산호 등도 볼 수 있었다. 예정된 잠수 시간인 1시간 30분이 금세 지나갔다. 실비아는 잠수 기록을 남기기 위해 미국 국기와 〈내셔널 지오그래픽〉지의 깃발을 해저면에 꽂았다. 이후로 더욱 발전된 잠수복들이 뒤를 이어 개발되었다.

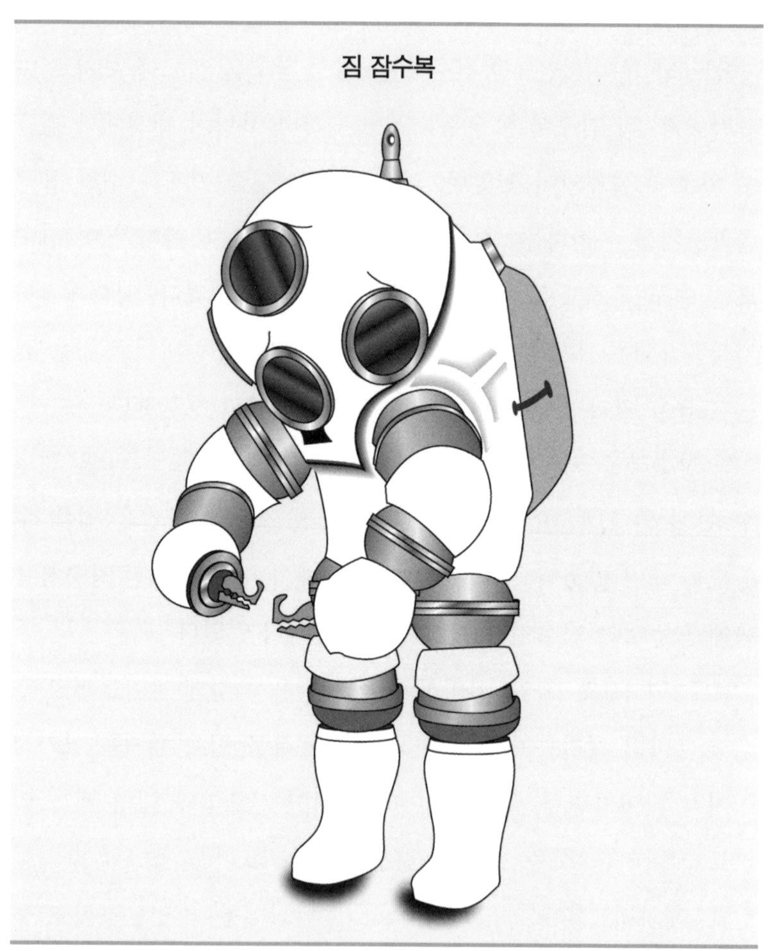

수심 610미터의 엄청난 수압을 견디기 위해 짐 잠수복은 내부에 압력장치를 별도로 갖추고 있다.

실비아는 새로운 잠수 기록을 세웠지만, 해양의 평균 수심이 약 4,000미터라는 점을 감안하면 그다지 만족할 만한 성과는 아니었다. 그래서 그녀는 더욱 깊은 곳으로 잠수하고 싶어 했다. 1982년 실비아와 영국 출신의 기술자 그래험 혹스(실비아와 혹스는 1986년부터 1989년까지 부부로 지냈다)는 최신형 1인용 잠수정을 개발하는 '심해기술주식회사'(나중에 '심해엔지니어링 회사'로 이름을 바꾼다)를 차렸다.

이들이 당면한 가장 큰 문제는 엄청난 수압을 견디면서도 바깥을 내다볼 수 있는 투명한 재료를 구하는 것이었다. 또 다른 문제는 잠수정을 개발한다 해도 구매자가 없다는 점이었다. 그래서 혹스는 원격무인장비ROV를 만들어 해저를 관찰하는 데 사용하도록 했다. 석유회사 쉘에 ROV 한 대를 팔고 나자 다른 곳에서도 계속해서 주문이 들어왔다. 오늘날 심해엔지니어링 회사는 ROV를 제작하여 전 세계에 팔고 있다. 그리고 1994년에는 한 사람의 승무원이 탑승하여 기계팔을 작동하면서 수심 900미터까지 잠수할 수 있는 딥 로버Deep Rover를 만드는 데 성공했다. 딥 로버를 타고 밤에 잠수를 할 때면 잠수정 주변에서 발광하는 생물들 때문에 흡사 불꽃놀이 한가운데에 있는 기분이 든다. 실비아는 해파리, 새우, 문어 등의 아름다운 모습에 취해 바다 속을 유영했다. 하지만 곧 그녀는 해저 바닥에 흩어져 있는 음료수 깡통을 발견하고는 기분이 상했다.

해양환경 보존을 위한 임무

1990년 조지 부시 대통령은 실비아를 미국해양대기청의 책임과학자로 임명했다. 미국해양대기청은 미국의 국가기관으로서 지구의 환경 변화를 예측하고 미국 해안과 해양자원을 보호하는 임무를 띠고 있었다. 실비아는 처음 정부의 고위 공직자가 되었을 때 일반인들과 자유롭게 이야기를 나눌 수 없는 게 되는 것이 아닌가 하고 걱정했다. 그러나 변화를 선도해야 한다는 사명감에 직책을 수락했다. 하지만 실비아는 곧 정부의 정책에 분노를 느꼈다. 정부는 해저 개발에 대하여 관심도 갖지 않았고, 이 분야에 투자할 생각도 전혀 가지고 있지 않았던 것이다.

1991년 이라크는 걸프전 기간 동안 2만 리터가 넘는 원유를 페르시아 만에 쏟아 부었다. 이로 인한 환경적 영향을 연구하기 위하여 실비아는 또 다시 책임과학자 자리를 맡았다. 이와 같은 충격적인 피해가 복구되는 데 필요한 시간을 추산하는 것이 주된 목적이었다. 페르시아 만 주변은 원유로 완전히 검게 변해 있었고, 해수는 검은 황갈색을 띠었다. 실비아는 검은 기름에 뒤덮인 해양생물들을 있는 모습 그대로 TV를 통해 보여 주었다. 그녀의 이러한 시도는 사람들로 하여금 해양 환경에 대한 경각심을 갖도록 하는 데 큰 역할을 했다.

1992년 해양대기청에 사표를 제출한 실비아는 딸 엘리자베스 테일러와 함께 캘리포니아 주 알라메다에 심해탐사연구단을 설립했다. 이 단체의 목적은 해양 개발과 환경 보호였다.

1991년 실비아는 일본인이 개발한 3인용 잠수정 신카이 호를 타고 수심 4천 미터까지 잠수하기도 했다. 이후 1993년, 일본 정부는 실비아에게 수심 11킬로미터까지 잠수할 수 있는 잠수정을 개발하기 위해 그녀에게 자문을 요청했다.

1995년 실비아는《바다가 변하고 있다: 해양이 보내는 경고 메시지》라는 책을 출간했다. 이 책을 통해 실비아는 해저에 사는 아름다운 해양 생물에 관해서 설명하고 해양 환경을 보전해야 한다고 주장했다. 실비아는 해양에 대한 인식이 부족한 사람들에게 해양 생물이 얼마나 사랑스러운 존재인가를 알리고 우리 모두 해양을 보존하기 위해 다같이 노력해야 한다는 점을 강조했다.

1998년 〈내셔널 지오그래픽〉지는 실비아를 객원 탐험가로 임명했다. 그리고 1998년에서 2002년까지 '지속 가능한 해양 개발'이라는 프로젝트의 총책임자로 일했다. 이 프로그램은 〈내셔널 지오그래픽〉지, 미국 해양대기청, 골드만 재단 등이 지원하는 프로그램으로서, 미국 내 12개 해양생물보호구역 내의 해양 생물을 조사하고 현황을 파악하는 임무를 띤 것이었다. 이렇게 해양공원 내의 환경을 광범위하게 조사함으로써 어떻게 하면 해양 생태계를 잘 보전할 수 있을 것인가에 대한 방향을 찾을 수 있었다. 그동안 실비아는《야생의 바다》와《대양의 지도》를 출판했다.

실비아 얼은 일생 동안 60회 이상 연구 프로젝트의 책임자로 일했으며, 7,000시간 이상 잠수하는 기록을 달성했다. 그녀는 플로리다 유수의 대학과 단체로부터 수많은 상과 명예박사 학위를 받았으며, 현재 미국과학위원회, 캘리포니아 과학위원회 해양기술협회, 세계예술과학회 등에서 위원으로 봉사하고 있다. 또한 우즈홀 해양연구소, 모우트 해양연구소, 세계야생동물재단 등의 위원회에서도 활동하고 있다. 2000년 미국 여성 명예의 전당에 헌액되었으며, 학계는 그녀의 학문적인 성과를 기리기 위해 보라성게의 신종 이름을 Diadema silvie로, 홍조류의 신종을 Pilna earli라고 명명했다.

〈타임〉지는 실비아를 '지구의 영웅'이라고 칭송했다. 그녀는 125편에 이르는 자신의 논문을 통해 해양 환경과 해양 생물을 보호해야 한다고 대중을 선도하고 있다. 해양환경보전대사로서의 그녀는 사람들이 바다에 대해 많이 알면 알수록 더욱 해양 환경을 보호하는 데 노력을 기울일 것이라고 믿고 있다.

이와 같은 의무감에서 실비아는 100회가 넘게 TV에 출연하여 인터뷰를 하고 특별 프로그램에 출연하고 있다.

이제 전 세계는 그녀의 이러한 노력에 응답해야 할 의무가 있다.

조류

조류[藻類]란 물에 사는 식물을 가리키는 용어다. 식물이므로 당연히 태양빛을 화학적 에너지로 바꿀 수 있는, 즉 광합성 능력을 가지고 있다. 조류는 민물에도 살고 바닷물에도 산다. 플랑크톤처럼 미세한 단세포로 구성되어 있는가 하면 미역과 같이 거대하게 자라나는 다세포 생물도 있다. 여러 가지 다양한 색깔을 가지고 있으며 내부 구조도 매우 다양하다. 현미경으로 확인할 수 있는 마이크론 단위의 크기의 조류가 있는가 하면 미역의 사촌 격인 캘리포니아 바다의 켈프처럼 60미터 길이까지 자라는 것도 있다.

생태학적으로 조류는 태양빛에서 광합성을 통하여 유기물질탄소화물-탄수화물을 만들기 때문에 먹이사슬에서 1차 생산자 역할을 하고, 이것들을 먹고 사는 동물 플랑크톤이나 초식성 해양 동물에게 먹이를 공급해 주는 필수적인 요소이다. 또한 광합성을 하는 부산물로서 산소가 생산되어 전 세계 생물이 호흡을 할 수 있게 해 준다.

몇몇 조류는 원생동물과 비슷하게 생겼지만, 다른 종류는 오히려 육상 식물과 형태가 비슷하다. 조류를 분류하는 데는 크게 6가지 문이 있다. 녹조류문, 홍조류문, 갈조류문, 황갈조류문, 황적조류문, 짚신벌레문이 여기에 해당된다.

녹조류는 대부분 민물에 살고 있으며 7,000종 이상이 알려져 있을 정도로 매우 다양하다. 흔히

광합성　빛에너지를 이용하여 이산화탄소로부터 유기물을 합성하는 과정. 식물과 조류, 그리고 일부 미생물에 의해서 수행된다.

문　생물을 분류하는 체계 중 하나. 가장 상위의 분류체계는 도메인이라고 하며 아래에 계[kingdom]라고 하여 식물계, 동물계 등이 있고 그 아래에 문, 강, 목, 과, 속, 종으로 세분화된다.

녹조류　녹조식물. 녹조식물문. 예를 들면 파래, 청각과 같은 해조류가 해당한다.

엽록소 식물체의 엽록체 속에 있는 태양을 흡수하는 녹색 색소체

개울의 돌 표면을 보면 미끈거리는 머리카락과 같은 식물체를 볼 수 있을 것이다. 이것이 바로 녹조류의 일종이다. 녹조류는 엽록소를 가지고 있으므로 여기에서 육상식물이 진화했다고 보는 견해가 있다.

홍조류는 파이코에리트린이라는 색소가 붉은 빛을 반사하기 때문에 붉은 빛을 띤다. 파란 빛의 파장이 붉은 빛의 파장보다 물속으로 깊이 투과하기 때문에 홍조류는 대부분 수심이 깊은 곳에서 산다. 홍조류의 한 종류인 석회조류는 몸체 주변에 조개껍질과 같은 성분인 탄산염 껍질을 분비하여 몸을 보호하다가 죽게 되면 산호초의 재료가 된다. 우리가 흔히 식사시간에 먹는 김이 홍조류에 속한다.

갈조류는 대부분 바닷물에서 살고 있으며 특히 찬 바닷물에서 잘 자란다. 갈조류에는 미역, 다시마 등이 포함되며 사람들에게 가장 널리 알려져 있는 해조류이다.

황갈조류는 규조류와 황금조류가 여기에 포함된다. 몸체는 규소로 만들어진 딱딱한 껍질이 싸고 있고, 여기에 아주 예쁘고 정교한 무늬가 있어 서로 다른 종을 구분할 수 있게 해 준다. 규조류는 미역이나 다시마가 자랄 수 없는 깊은 바다의 표면에 플랑크톤 형태로 떠다니면서 살며, 전 세계 1차 생산자로서 가장 중요한 역할을 수행한다.

황적조류는 또 다른 플랑크톤의 일종으로서 적조 현상을 일으키는 것으로 유명하다. 이 중 짐모디니움Gymnodinium이나 코클로디니움Cochlodinium과 같은 종류는 독성 적조를 일으켜 매년 남해안의 가두리 어장을 황폐화시키는 종

류로서 악명이 높다.

마지막으로 짚신벌레는 민물에 서식하는 단세포 생물이다. 몸 옆면에 작은 털이 많이 나 있어 아주 빨리 헤엄칠 수 있다.

조류는 해양 먹이사슬의 필수적인 생물이지만 다른 해양 생물에 해를 끼치기도 한다. 조류가 폭발적으로 증식하면 물의 색깔이 바뀌고 냄새와 맛도 고약하게 변한다. 이로 인하여 상수를 처리하여 수돗물을 생산하는 데 문제를 일으키고, 폭발적으로 증식한 조류가 한꺼번에 죽어서 아래로 가라앉으면 호수 밑바닥이나 해저면에 심각한 산소 부족 현상을 일으키기 때문에 다른 생물의 죽음을 불러오기도 한다.

연 대 기

1935	8월 30일, 뉴저지 주의 깁스타운에서 출생
1955	플로리다 주립대학 해양생물학으로 학사 학위 수여
1956	듀크 대학에서 식물학 석사 학위 수여
1964	안톤 브룬 호를 타고 인도양을 탐사하며 국가과학재단 연구에 참여
1966	듀크 대학에서 식물학으로 박사 학위 수여
1967~69	레드크리프 연구소 연구원
1967~81	하버드 대학 초빙연구원
1968	잠수정 딥 다이버로 수심 30미터까지 잠수
1969~81	캘리포니아 대학 버클리 분교(UCB)에서 선임연구원으로 일함
1970	텍타이트 Ⅱ 프로젝트에 참여하여 2주일 동안 해저 주택 내에서 체류하는 여성대원의 팀장 임무 수행
1976	캘리포니아 과학위원회와 UCB의 자연사박물관 초빙연구원
1977	혹등고래 연구 시작
1979	하와이 오아후 외해에서 수심 381미터 해저면을 짐 잠수복을 입고 보행

1979~86	캘리포니아 과학위원회 조류학 관리인
1982	그래험 훅스와 심해기술주식회사(훗날 심해엔지니어링회사) 설립
1984	심해잠수정 딥 로버로 수심 1킬로미터 잠수 기록 작성
1990~92	미국 해양대기청의 책임연구원
1992	로봇을 이용한 잠수기계를 개발하기 위하여 심해탐사연구단 설립
1995	《바다가 변하고 있다: 해양이 보내는 경고 메시지》 출판
1998	〈내셔널 지오그래픽〉지의 객원탐험가
1998~2002	〈내셔널 지오그래픽〉지, 미국 해양대기청, 골드만 재단이 지원하여 해양국립공원을 연구하는 '지속 가능한 해양 개발' 프로젝트 책임자를 맡음
1999	《야생의 바다》 출판
2001	《대양의 지도》 출판

로버트 D 발라드는
해양지질학과 해양생물학
분야에서 획기적인
발견을 하는 한편,
심해잠수의 기술 개발에
크게 기여하였다.

타이타닉을 발견한 바다의 콜럼부스,

로버트 D. 발라드

Robert D. Ballard
(1942~)

심해 탐사기술의 진보

로버트 발라드는 타이타닉 호의 잔해를 포함하여 바다 속에 수장된 여러 척의 선박을 찾아내어 일반인들 사이에 유명인사가 되었지만, 그는 해양지질학자로서 더욱 많은 업적을 남겼다. 그는 박사 학위를 받기 전에 심해 탐사기술에 대한 능력을 인정받아 세계에서 두 번째로 대서양 대양저산맥으로 잠수했다. 발라드는 해양지각이 새로 만들어지는 그 중심부를 직접 눈으로 확인함으로써 심해저의 지각운동을 더욱 잘 이해할 수 있었다. 몇 년 후, 발라드는 해양저 바닥의 갈라진 틈으로 광물이 풍부한 열수가 뿜어져 나오는 열수공을 발견했다. 이 놀라운 발견과 열수공의 원리를 이해함으로써 생물학자들은 생명의 기원에 대하여 새로운 이론을 만들 수 있었다.

27년 동안 우즈홀 해양연구소에 재직하면서 심해잠수정 연구실과 해양탐사센터의 소장으로 일했으며, 무인 및 유인 잠수 관련 기술을 더욱 발전시켰다. 그의 관심 분야는 점차 선박과 관련한 기술로 옮겨 갔는데, 그는 이 분야를 과학의 새로운 분야로 개척했다. 고등학교 학생들을 위한 웹 기반 원격교육프로그램인 JASON 프로젝트의 창시자로서, 그리고 탐사연구소의 현 소장으로서 발라드는 지금 이 시간에도 해양 탐사에 계속적으로 기여하고 있다.

로즈
잭
Titanic

캘리포니아에서 보낸 소년 시절

로버트 두안 발라드는 1942년 6월 30일 캔자스 주의 위치타에서 태어났다. 그가 어렸을 때 아버지 체스터의 직업이 시험 비행사였기 때문에 그의 가족은 자연스럽게 캘리포니아에 자리를 잡았다.

태평양 연안 샌디에이고 교외에서 자라면서 발라드는 미션 만 해안에서 조수 웅덩이를 탐험하고, 엄마의 유리그릇을 통해 얕은 바다 속을 들여다보면서 지냈다. 쥘 베른이 쓴 소설《해저 2만 리》를 읽은 뒤로는 온통 바다 속 세계에 매료되었다.

중고등학생 시절부터 운동에 소질을 보였고 학업 성적도 뛰어났다. 고등학교 졸업반이 되었을 때는 미국과학재단이 지원하는 하계해양연구 프로그램에 선발되기도 했다. 이 프로그램은 캘리포니아 대학교의 샌디에이고 분교 부설인 스크립스 해양연구소에서 진행되었다. 바다에서 탐사활동을 벌이던 중 허리케인을 만나 물귀신이 될 뻔했지만, 어린 발라드에게 바다는 커다란 놀이터이자 세상에서 가장 큰 책이었다.

1940년 다우니 고등학교를 졸업한 후 발라드는 캘리포니아 대학 산타바바라 분교에 입학했다. 대학에 다니는 동안 남학생 사교클럽 활동에도 활발하게 참여했고 운동도 열심인가 하면 육군학군단ROTC으로 활동하기도 했다.

하지만 3학년이 되면서 어려운 물리학 강의를 따라가지 못해 학업에 흥미를 잃고 말았다. 그는 자신이 그토록 원했던 스크립스 해양연구소의 해양대학원에 지원했지만 거절당하고 만다. 크게 실망한 발라드는 어쩔 수 없이 1964년 여름 캘리포니아 대학 로스앤젤리스 분교UCLA에서 경영학과 회계학 강의에 등록했다. 하지만 적성에 맞지 않았다. 그는 다음 해 가을에 여러 대학의 해양학 대학원에 입학허가요청서를 보냈다. 다행히 하와이 대학에서 입학허가서를 보내왔다. 발라드는 1965년, 지질학과 화학을 복수전공으로 하여 학부 과정을 마친 뒤 호놀룰루에서 대학원 과정을 밟기 위해 떠났다.

어긋난 인생 계획

대학원에서 공부를 하는 동안 발라드는 훈련된 동물들이 공연을 하는 해양 생물공원에서 고래 조련사로 일했고, 대학원에서 전공은 해양지질학이었다. 발라드가 관심을 갖고 있는 분야는 당연히 육군보다 해군에 더 연관이 있었기에 그는 육군에서 해군으로

소속을 바꾸었다.

1966년 북미항공해양시스템 회사는 발라드가 최초의 유인잠수정 개발 사업에 참여하는 대가로, 그가 남가주 대학에서 박사 과정을 밟는 동안 필요한 학비를 대 주기로 약속했다. 그는 롱비치로 이사하여 하와이에서 만난 마조리 하가스와 결혼하고 남가주 대학에도 등록을 했다. 이때부터 그는 자신이 꿈꾸었던 응용해양학자로서의 길을 걷기 시작했다.

그런데 그의 계획에 없던 일이 발생했다. 갑자기 해군에서 현역으로 입대하라는 명령이 떨어진 것이었다. 발라드가 대학원에 재학 중인 학생이라는 사실도, 결혼을 한 어엿한 가장이라는 사실도 해군의 입대 명령을 철회하게 만드는 데는 아무런 도움이 되지 않았다.

해군으로부터 특별 허가를 얻어 대학원의 한 학기를 마친 1967년 3월, 발라드와 아내는 해군연구소가 있는 매사추세츠 주 보스턴으로 집을 옮겨야 했다. 발라드의 임무에는 해군에서 연구비를 지원하고 있는 우즈홀 해양연구소와 연락책 역할을 하는 일도 포함되어 있었다. 박사 과정을 갑작스럽게 중단해야 했기에 발라드는 다시는 학교로 돌아갈 수 없을지도 모른다는 걱정을 하기도 했지만, 해저면의 생물과 물리 연구를 위해 개발된 소형 잠수정 앨빈에게 애착을 느끼면서 걱정을 접었다. 그리고 북아메리카 대륙붕의 퇴적암석에 대한 역사와 구조에 대한 전문가인 케니스 에머리 박사의 조언이 큰 용기를 주었다. 에머리 박사는 발라드에게 대학원 과정을 절대 포기하지 말라고 충고하는 한편 다음 연구 항해에 반드시 참여시키겠노라고 발라드에게 약속했다.

에머리 박사는 자신의 약속을 지켰다. 1967년 9월 발라드는 3주일 동안 북대서양 **대륙대** 탐사에 참여했다. 육상지질학자는 눈에 보이는 암석 시료를 간단하게 망치로 쪼개 내용을 확인할 수 있다. 하지만 해양지질학자는 바다 밑에 있는 지질구조를 조사하기 위해 **탄성파 탐사**라고 하는 복잡한 과정을 거쳐야만 한다. 탄성파 탐사기계는 수중으로 폭발음을 쏜 뒤, 이것이 해저의 지층에서 반사되거나 지층으로 침투했다가 다시 해수면으로 반사되어 나오는 음파를 모으는 장치다. 해양지질학자는 여기에 더하여 자기장과 중력장 자료를 첨가하여 해저의 지질 구조에 대한 상세한 도면을 그리게 된다. 우즈홀 해양연구소에서 처음 조사선을 타는 동안 발라드는 수십 가지 관측 장비를 사용하는 방법과 자료를 기입하는 방법을 배울 수 있었다. 3주일 동안 수집한 자료를 정리하고 평가하는 데만도 1년이라는 시간이 필요했다.

> **대륙대** 대륙사면의 하단부로서 대양저 평원과 만나면서 경사가 매우 완만해지는 부분.
>
> **탄성파 탐사** 음파가 반사와 굴절에 의해 기록된 지하 암석 분포 및 구조를 이해하는 작업.

어느 날, 우즈홀 해양연구소 소속의 지질학자인 알 우추피 박사가 발라드에게 멕시코 만에서 얻은 엄청난 양의 자료를 분석해 줄 것을 요청했다. 열혈 과학도였던 발라드는 소중한 기회가 자신에게 찾아왔음을 직감적으로 깨달았다. 자료를 해석하고 결론을 도출하여 논문을 쓰는 데에 수개월이 걸렸다. 발라드는 그 경험을 통해 자신이 생각지도 못했던 것을 얻었노라고 생각했다. 하지만 우즈홀 해양연구소의 심해잠수정 팀의 과제 책임자였던 에머리 박사와 레이니 박사는 결과와 결론을 뒤섞어 놓은 발라드의 논문을 호되게 비판했다. 학술논문은 반드시 결과를 명확하고 객관적으로 서술해야 하며, 결론이나 어떤 해석과는 명확하게 분리해야 한다고 지적했다. 비록 과학자가 내린 결론이 옳다고 하더라도 조사를 통해 얻은 결과 그 자체만이 사실이며 장래의 분석을 위해서도 가치가 있다고 설명했다.

해양지질학계에서 획기적인 논문이라고 말할 수는 없지만, 발라드는 자신의 논문을 수정하여 1970년 〈해양학보고〉라는 잡지에 '미국 멕시코 만 연안 대륙붕의 제4기 동안의 형태 변화'라는 제목으로 발표했다.

논문을 발표하기 한 해 전이었던 1969년, 발라드는 해군을 떠나기로 결심했다. 하지만 연구직으로 직장을 얻기 위해서는 박사학위가 꼭 필요했다. 때마침 레이니 박사가 **앨빈 호**의 고객을 유치하고 물색하는 일을 그에게 맡겼고, 에머리 박사는 로드아일랜드 대학의 해양지질학 박사 과정에 입학하도록 도움을 주었다. 이렇게 함으로써 발라드는 박사가 되기 위해 이수해야 할 과목들을 수강할 수 있었고, 논문은 우즈홀 해양연구소에서 준비할 수 있었다.

앨빈 호 3인승 심해잠수정. 가볍고, 수평이동 능력과 기계팔이 있어 심해에서 연구를 위한 시료 채취에 용이하다.

판구조론에 대한 지질학적 증거

1970년대 초반은 해양지질학계로서는 혁명적인 시기였다. 반세기 전인 1912년 앨프레드 베게너가 주장한 대륙이동설은 판구조론으로 발전했다. 이 이론은 대륙지각과 해양지각은 7개의 거대한 지각판(12개의 작은 지각판도 있다)으로 구성되어 있으며, 이 지각판은 밀도가 매우 높고 반쯤 녹은 상태로 있는 맨틀 위에 떠 있다는 아이디어에서 출발한다. 한때 판게아라고 하는 거대한 초대륙이 지구상에 있었으나 수백만 년에 걸쳐 지금의 7개 대륙으로 찢어졌고, 이 땅덩어리들이 서로 벌어져서 그 사이에 대서양이나 태평양 같은 대양이 만들어졌다는 것이다. 1960년대 해리 해먼드 헤스 박사는 대양의 해저 한가운데가 서로 벌어진다는 해양저확장설로 이러한 현상을 설명했다. 대서양 한가운데에는 길이 6만 4천 킬로미터에 달하는 엄청나게 긴 해양저산맥이 있으며, 지구의 맨틀 층에서 이곳 한가운데로 용암이 솟구쳐 나와 새로운

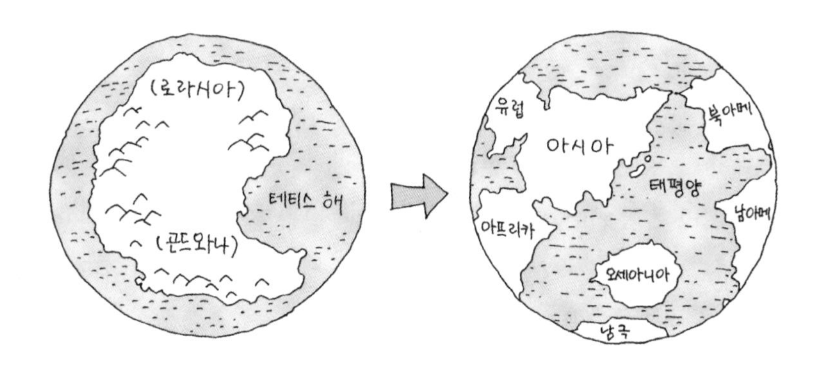

해저면을 만들고 있는 것이다. 그리고 대양의 가장자리에 있는 대륙지각의 대륙붕 밑으로 오래된 해양지각들이 밀려와 지구의 내부로 밀려들어가는 곳이 있는데, 이곳을 해구라고 하며 수심이 매우 깊다. 이러한 현상을 섭입과정이라고 한다.

발라드는 박사 학위 논문으로 판구조론을 연구하고자 했다. 지질학자들은 대서양이 중생대 초기인 2억 2천 5백만 년 전에서 6천 5백만 년 전 사이에 만들어졌다고 믿었다. 이 동안에 북아메리카와 아프리카 지각이 서로 멀어진 것이다. 발라드는 메인 주 케이프 코드의 북쪽으로 뻗어나간 애팔래치아 산맥의 지질을 연구함으로써 이러한 사실을 증명하고자 했다.

발라드는 표층 퇴적물에서 기반암이 표층으로 드러나 있는 곳을 조사한 후, 앨빈 호를 이용하여 분석용 시료를 채집했다. 앨빈 호는 길이 6.7미터에 2.08세제곱미터의 용적을 가진 구형이며, 세 명의 승무원이 탑승할 수 있고 해저면에서 지질 샘플을 채집할 수 있는 기계팔이 부착되어 있다. 발라드는 1971년과 1972년, 2년에 걸쳐 해저산맥과 주변에서 암석을 채집하기 위하여 수십 번 잠수를 했다. 조사 결과는 그의 박사 학위 논문을 쓰는 데 이용되었다. 이렇게 태어난 발라드의 논문 〈대륙의 충돌과 연이은 분리 과정 동안 메인 주와 인근 지역의 변화〉는 트라이아스기 후기에서 쥐라기 초기에 걸친 일억 년 동안 생긴 지질학적 구조의 변화를 보여 주었다. 1974년 그는 이 논문으로 박사 학위 심사를 무사히 통과했다.

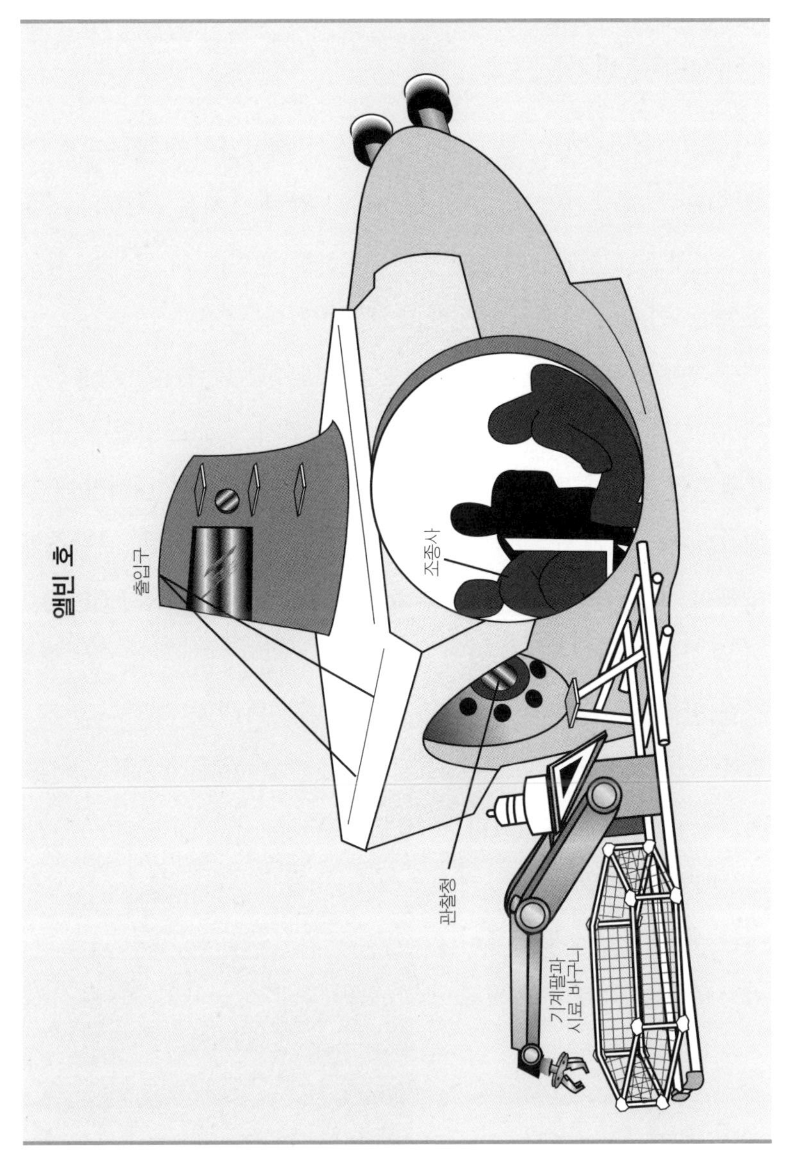

지난 세월 동안 많이 개량되었지만, 오늘날 앨빈 호는 4,000미터 이상 되는 심해까지 세 명의 승무원을 태우고 작업할 수 있다. 정상적인 경우 10시간 이상 잠수가 가능하며, 생물과 지질 샘플을 채집하여 잠수정 앞에 있는 바구니에 담는다.

대서양이 생기는 곳

1968년과 1970년 토드와 더글러스가 태어났지만 발라드는 집에 있을 시간이 별로 없었다. 바다에서 현장 조사를 하고, 우즈홀 해양연구소 도서관에서 논문을 쓰는 한편 앨빈 호의 고객을 확보하는 등 언제나 시간이 빠듯했기 때문이었다.

그 사이 발라드가 심해 예인 잠수정이나 유인 잠수정을 사용하는 데 있어 탁월한 전문가라는 소문이 점차 퍼져 나가고 있었다. 마침 프랑스의 해양지구물리학자인 자비에르 삐숑 박사는 대서양 중앙 해저산맥의 **열개지**를 탐험해 줄 전문가를 찾고 있었다. 프랑스와 미국의 해저조사단FAMOUS이 본격적인 작업을 시작할 무렵 발라드는 화산과 현무암을 연구하는 데 필요한 지식을 이미 갖추고 있었다. 2,700미터에 달하는 열개지는 북미 지각판과 아프리카 지각판이 서로 벌어지고

1964년 세계 최초로 개발된 유인 심해잠수정 앨빈 호는 우즈홀 해양연구소 소속으로 수많은 심해 연구에 투입되어 탁월한 성과를 거두었다.

열개지 단층작용으로 생긴 좁고 긴 골짜기. 주로 대양저산맥의 중앙부에 위치한다.

있는 대표적인 지점이었다. 1972년 여름 동안 음향조사와 탄성파 탐사를 통해 이 지역에 대한 사전 조사 작업은 끝난 상황이었다.

1973년 8월 4일, 삐송 박사는 프랑스 해군 잠수정 아르키메데스 호를 타고 먼저 잠수했다. 다음 날 지독한 기관지염을 앓고 있었지만, 발라드는 세계에서 두 번째이며 미국인으로서는 처음으로 대서양 중앙해저산맥을 향해 잠수했다. 어떤 작용으로 인해 해저면이 갈라지고 서로 벌어지는가를 알아보기 위해 발라드는 검은색을 띤 채 번쩍이는 용암이 흐르는 모습을 눈으로 직접 확인했고, 해저면 밑에서 솟아오른 현무암 시료를 채취했다. 그런데 일이 순조롭지만은 않았다. 잠수가 거의 끝나갈 무렵, 전기합선 때문에 화재가 발생하면서 잠수정 내에 연기가 가득했다. 발라드는 엉겁결에 비상용 산소마스크를 썼지만 가슴이 찢어지는 듯한 통증 때문에 다시 벗어 버렸다. 동료들은 그가 당황해서 그렇게 행동하는 것이라고 생각하고 그에게 다시 마스크를 씌우려고 했다. 하지만 나중에야 그들은 발라드가 쓰려고 했던 산소마스크의 밸브가 열리지 않았다는 사실을 알았다.

다음 해 여름 발라드는 앨빈 호를 타고 해저산맥으로 다시 잠수했다. 이때 앨빈 호의 몸체는 강철 대신 더욱 가볍고 강한 티타늄 금속으로 교체되어 있었다. 잠수팀은 해저 화산 활동에 의해서 형성된, 돔처럼 생긴 지형과 벌어진 틈, 최근에 분출되어 나온 용암 덩어리 등을 관찰한 뒤, 바로 그곳이 북아메리카 대륙과 아프리카 대륙을 서로 벌어지게 만드는 지점이라고 확인했다. 발라드는 앨빈 호 내에서 폭 6미터 정도로 쩍 벌어진 바위틈을 쳐다보면서, 저곳이 아마도 지구의 저 깊숙한 곳까지 연결되어 있겠구나 하고 생각했다.

FAMOUS 팀은 1,360킬로그램 이상의 암석 시료와 10만 장의 사진, 분석하는 데 족히 10년은 걸릴 정도의 지형 자료를 모았다. 과학자들은 나중에 발라드가 관찰했던 그 틈의 벌어지는 속도가 1년에 2.5센티미터 정도일 거라고 추측했다. 이 정도의 속도라면, 대서양이 지금과 같은 크기로 벌어지려면 2억 6천만 년의 시간이 필요하다는 계산이 나왔다.

1975년 발라드는 일반인을 대상으로 심해저에 대해서 소개하는 내용을 담은《거대한 열개지로의 잠수》라는 글을 〈내셔널 지오그래픽〉지에 연재했다.

열수를 찾아서

1976년에서 1977년 사이, 발라드는 지금까지와는 완전히 반대로 지각판이 서로 만나서 해저 밑으로 꺼져 사라지는 지점인 케이만 해구로 심해잠수정 노르 호를 타고 조사하는 팀의 책임자가 되었다. 이 조사에는 음향자료를 이용한 해저지형도와 **앵구스**라는 특수 장비가 동원되었다. 앵구스는 썰매같이 생긴 널따란 판 위에 카메라와 샘플 채집 장비가 붙어 있었고, 주로 **화성암**을

앵구스ANGUS 모선에서 케이블 선으로 연결하여 작동하는 카메라가 달린 심해 조사 장비. 음향영상처리장치가 달려 있다.

화성암 지구의 지각을 이루는 주요한 암석 형태 중 하나. 용암이 굳어져 생긴 암석이 대부분이다.

채집하는 데 장점을 발휘했다.

1977년 남아메리카의 태평양 쪽 바다에 있는 갈라파고스 열개지에서 해저열수공을 찾는 작업을 할 때였다. 승무원들은 심해에서 수온이 갑자기 크게 증가하는 것을 확인했다. 승무원들은 처음에 온도계가 고장을 일으켰다고 생각했다. 지질학자들은, 지상의 산맥은 거대한 압력에 의해 변형된다고 생각했다. 반면에 깊은 바다 밑에서 산맥을 만들기 위해서는 열이 보다 더 중요한 역할을 할 것이라고 생각했다. 수심 2,700미터에서 앵구스가 미끄러지듯 움직일 때의 수온은 보통 2.5°C가 정상이다. 그런데 갈라파고스 열개지는 대서양 중앙해저산맥보다 더 빨리 벌어지고 있었으며, 용암이 채 굳지 못하고 녹은 채로 열개지의 틈을 메우고 있었다. 노르 호 선상에 있던 지질학자와 지구물리학자들에게 심해의 밑바닥에서 뜨거운 물이 발견되는 현상은 매우 흥미로운 것이었다. 어떻게 지구 내부의 열이 지각판들 사이를 비집고 위로까지 솟아오를 수 있는지 알아내는 것이 새로운 과제가 되었다. 이러한 열수 현상은 대서양에 비해 해저가 더 빠른 속도로 벌어지고 있는 태평양에서 발견될 가능성이 더욱 높았다.

수온이 갑자기 치솟기 시작한 3분 뒤에 수온은 정상을 회복했다. 앵구스가 찍은 필름을 회수하는 데는 성공했지만 제대로 현상을 하기 위해서는 다음 날 아침까지 기다려야 했다.

조사에 참여했던 과학자들은 사진을 통해, 수온이 급격하게 올라간 지역에서 열수 분출구나 갈라진 틈 같은 것을 발견하게 되리라고 기대했다. 하지만 정작 그들이 사진 속에서 발견한 것은 흐리고 탁한 물속에 살고 있는 커다란 대합조개들이었다. 아무도 굳은 용암층 위, 거의 빙점에 가까운 심해에서 살아 있는 생물체를 발견하게 되리라고는 예상하지 못했기 때문에 조사팀에는 생물학자가 포함되어 있지도 않았다.

앨빈 호는 즉시 이 놀라운 조개 밭으로 뛰어들었다. 그 지점은 '조개 파티 1'이라고 이름을 붙였다.

그곳의 수온은 16°C였다. 조사팀은 이 지역에서 조개는 물론 화학 분석을 위한 해수도 떴다. 선상에서 샘플 병의 뚜껑을 열자 계란이 썩는 냄새가 진동을 했다. 이 냄새는 황화수소 때문에 나는 것이며 생물체에게 매우 독성이 강한 가스라는 사실을 알 수 있었다.

이후 5주일 동안 열개지 주위에 21회나 더 잠수를 한 결과, 조개 이외에 흰 게, 흰 가제, 핑크색 물고기, 붉은 튜브벌레, 어떻게 보면 꽃 같기도 하고 어떻게 보면 괴상하기도 한 생물들이 살고 있다는 사실을 확인할 수 있었다. 어떤 지점에서는 조개가 모두 죽은 채 발견되기도 했다. 학자들은 과거에 열수가 용출되어 나와 주변 생물체들을 먹여 살렸지만, 이제는 더 이상 열수가 나오지 않아서 급격한 수온 차이와 그 외에 밝혀지지 않은 이유로 인해 주변 생물들이 모두 죽은 것이라고 추측했다.

아무것도 살 수 없을 것 같은 현무암 바위틈 곳곳에 다양하고 기괴한 생물체들이 살고 있는 지역은 공통적으로 열수가 용출되어 나오고 있었다. 그리고 열수에는 황화수소가 섞여 있었다. 따라서 그 지역에서 살고 있는 생물체들이 생존하기 위해서는 황화수소가 필수적이라는 사실을 유추할 수 있었다.

바다 표면이나 육지에서는 태양빛을 이용하여 식물이 광합성을 하고, 그것에 의존하면서 다른 생물들이 살아간다. 하지만 그 지역에서는 화학합성을 하는 원핵생물이 황화수소를 이용하여 에너지를 얻고, 이 에너지로 유기물을 합성하여 성장하며, 다른 생물들은 이 원핵생물에 의존하여 생활한다는 사실을 알게 되었다. 열수공 근처의 황화수소 농도가 아주 높을 경우에는 생물을 죽일 수도 있다. 하지만 그 지역에 사는 생물들은 하나같이 그처럼 가혹한 환경에서도 잘 적응하며 살아가고 있었던 것이다. 원래 이 조사 연구는 지구물리학과 지화학적 조사를 위해 실행된 것이었기 때문에 발라드의 조사팀은 생물 샘플을 담을 적당한 용기가 없어 플라스틱 그릇이나 병에 마구잡이로 담을 수밖에 없었다.

마치 사막에 갑자기 나타난 오아시스처럼, 황량한 해저면에서 듬성듬성 무더기로 살고 있는 괴상한 생물이 발견되었다는 소식에 과학계는 큰 충격을 받았다. 심해의 열수공 주변에서 해수가 해저면 속으로 파고들어간 뒤 극도로 뜨거운 온도로 데워지면서 주변 암석에 있는 광물을 잔뜩 머금은 채 해저로 다시 분출됨으로써 해저면의 기괴한 생명체들을 먹여 살리고 있었다. 이는 지구 생성 초기의 환경과 매우 흡사한 것이었다. 전 세계는 이 발견에 폭발적인 관심을 보였다. 아마도 지구의 생명체는 이러한 환경에서 처음 발생했을지도 모르는 일이었다. 게다가 이와 유사한 환경이 우주 여러 곳에 형성되어 있을 수도 있는 것이다.

전 세계 과학계의 이목이 집중되어 있었기 때문에 후속 연구를 위한 자금은 받아내기가 아주 쉬웠다. 1979년 발라드는 해양생물학자들을 갈라파고스 열개지로 데리고 가서 수많은 생물을 채집했다. 그런데 그중 상당수는 분류상으로 볼 때 완전히 새로운 문이거나 어떤 것은 살아 있는 화석 그 자체이기도 했다. 미생물학자들은 적어도 200종 이상의 박테리아를 분리했고, 화학자들은 열수공 주위의 영양염 농도가 주변보다 300~500배 높게 나타난다는 사실을 밝혀냈다.

연기열수공

연기열수공 심해열수공. 광물이 많이 녹아 있고 온도가 높아 마치 검은 연기가 나오는 것과 같이 보이는 굴뚝과 같은 형태를 띤다.

1978년 캘리포니아 반도의 남쪽인 동태평양 지구대의 해저를, 경험이 별로 없는 프랑스 조사팀이 조사하고 있었다. 이들은 바다 속에서 여러 가지 색을 띠고 굴뚝처럼 생긴 것을 채취했다. 특이한 모양에 눈길이 가기는 했지만 그들은 그 물질에 그다지 관심을 두지 않고 다른 시료들과 함께 포장해 버리고는 분석을 나중으로 미루었다. 몇 달이 지난 후 프랑스 조사팀은 이 물질에서 아연황화물을 검출했다. 그런데 그때까지 화산이 있는 해저 지형에서 아연황화물이 발견되었다는 보고가 없었다는 사실을 나중에 알게 되었다. 발라드의 조사팀 역시 갈라파고스 열개지를 탐사했을 때 잠수정 승무원이 프랑스 팀이 채취한 것과 비슷한 것을 발견하고는 채취하려 했지만 운전이 미숙하여 뭉개 버리고 만 일이 있었다.

1979년 프랑스 팀이 채취한 물질에서 아연황화물이 검출되었다는 소식을 접한 발라드는 직접 그 지점으로 잠수를 시도했다. 발라드는 바다 속에서 굴뚝과 같은 구조물을 볼 수 있었고, 그중 하나가 검은 연기를 내뿜고 있는 것도 목격했다. 물론 물속에서 실제로 검은 연기가 나고 있는 것은 아니었다. 광물이 농축된 액체가 검은색을 띠고 쏟아져 나오고 있는 것이었다.

수온은 32°C까지 기록되었다. 다른 지역보다 월등하게 높았다. 그날 밤 앨빈 호를 바다 표면으로 끌어올려 확인해 본 결과, 앨빈

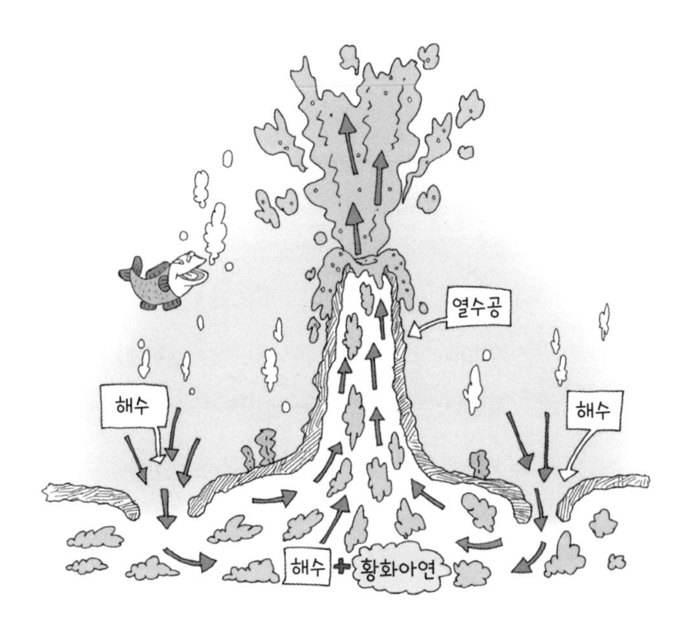

호의 온도 측정 장치는 녹아내리고 없었다. 그렇다면 실제 온도가 도대체 얼마였단 말인가?

다음 날 발라드는 더 높은 온도를 버틸 수 있는 온도계를 달고 다시 잠수했다. 굴뚝 모양의 구조물에 최대한 가까이 접근하여 3미터 이내에서 측정한 온도는 350°C였다. 이후 12일 동안 굴뚝 모양의 구조물을 여러 개 더 발견했고, 흰 연기를 내뿜는 굴뚝과 검은 연기를 내뿜는 것, 두 종류가 있다는 사실도 알아냈다.

굴뚝은 거의 순수하게 결정화된 황화아연이었다. 지화학자들은 해수가 해저면의 틈으로 새어 들어가 해저로 다시 분출될 때 황화아연이 침적하여 점차 이런 굴뚝과 같은 형태를 띤 것이라고 설명했다. 앨빈과 앵구스를 이용하여 전체 지역을 조사해 본 결과, 완전히 새로운 열수공 시스템과 새로운 생물들이 대량으로 발견되었다. 이 놀라운 관찰 결과를 발라드 자신이 학문적으로 이해하고 정리하기 위해서는 많은 시간이 필요했다.

타이타닉 호 탐사

발라드는 가족과 함께 캘리포니아 팔로알토로 이사를 했다. 그곳에서 가까운 스탠퍼드 대학에서 안식년을 보내기로 했기 때문이었다. 그곳에서 발라드는 판구조론과 화산 열수공 시스템과 관련된 여러 논문을 썼다. 우즈홀 해양연구소는 그를 정년 보장 교수로 임용했다.

발라드는 원격 탐사 로봇이 필요하다는 사실을 절감했고, 아르고-제이슨 시스템을 생각해냈다. 아르고는 썰매같이 생긴 판 위에 카메라가 달려 있어 실시간으로 배 위에 있는 사람들에게 동영상을 보여주는 시스템이며, 제이슨은 무인 원격 탐사 로봇으로 스스로 카메라와 모터를 작동시키고 광섬유로 아르고와 연결되어 있는 시스템이다. 발라드는 이 장비로 그 유명한 타이타닉 호를 탐사할 계획을 세웠다.

> 아르고Argo 모선에서 케이블로 연결하여 작동하는, 카메라가 달린 썰매와 같은 심해조사 장비. 실시간 영상을 보기 위하여 모선의 작동실과 연결하여 작동을 한다.

73년 동안 타이타닉 호의 침몰된 잔해는 아무도 모르는 대서양의 수심 3,658미터 깊이의 차디찬 물속에 잠들어 있었다. 소년기 때 발라드는 월터 로드의 《기억 속의 그 밤》이라는 책을 읽었다. 그 책은 타이타닉 호의 운명적인 침몰 순간을 기록한 것이었고, 어린 발라드는 언젠가 그 침몰선을 찾아내리라고 마음먹었다. 이제 어른이 된 발라드는 아르고와 제이슨의 기술력을 합치면 충분히 타이타닉을 찾을 수 있을 것이라고 확신했다.

1977년 발라드는 타이타닉 역사학회장인 빌 태텀을 만났다. 두 사람은 금방 친해졌고 침몰선의 위치를, 무선이 마지막으로 발신된 지점, 구명정이 구조된 지점, 날씨 자료, 해류 방향 등을 고려한 뒤 260평방킬로미터까지 좁힐 수 있었다. 하지만 비용을 대겠다는 사람을 찾지 못하는 경우에는 침몰선을 찾겠다는 이 계획은 환상에 불과했다. 하지만 다행히 텍사스의 부호 잭 그림이 경비를 지원했다. 1980년부터 1983년까지 3회에 걸쳐 조사를 실시했다. 하지만 아쉽게도 모두 실패로 끝났다. 발라드는 그 이유를 침몰 지역을 잘못 설정했기 때문이라고 판단했다.

마침 이때, 미국 해군은 잃어버린 두 척의 핵잠수함을 찾기 위해 아르고-제이슨 장비를 사용하고자 했다. 트레셔 호는 1963년 조지아 사퇴의 남쪽에서 실종되었고, 스콜피언 호는 1968년 두 개의 핵탄두를 장착한 어뢰와 함께 아르고스 해안에서 사라졌다. 해군은 이 잠수함에서 방사능이 유출되는지 알고 싶어 했다.

해군의 경비 지원 아래 우즈홀 해양연구소의 심해잠수팀을 재가동하여 아르고와 제이슨의 기술을 접목시켰다. 아르고는 3대의 비디오카메라가 장착되었고 윗부분이 모선과 연결되어 있는 반면, 제이슨은 헤드라이트, 카메라, 기계팔이 있어 훨씬 더 자유롭게 움직이면서 탐사할 수 있었다. 그리고 제이슨은 영상을 녹화할 수 있는 장치도 있었다.

1984년 발라드는 트레셔 호를 찾는 데 아르고를 사용해 보았다. 잠수함은 수심 2,560미터에 침몰되어 있었다. 음향장치와 영상장치가 훌륭하게 작동하여 침몰선의 잔해 조각들의 위치를 전부 파악할 수 있었다. 아르고의 영상을 멀리 배 위에서 실시간으로 볼 수 있도록 하는 **가상현실** 장비 덕택에 승무원은 실재 자신이 그곳에 있는 것처럼 느꼈다.

탐사를 하는 동안 발라드는 잔해의 흩어진 범위가 끝없이 넓은 것에 놀랐다. 수심

가상현실　멀리 떨어져 있거나 가상적인 공간에서 일어나는 일을 참여자가 현실에서 느끼도록 하는 기술과 현상.

이 얕은 곳에서 배가 침몰하면 잔해는 참몰 위치를 중심으로 원형 범위 내에서 흩어진다. 하지만 수심이 깊은 곳에서는 장시간에 걸쳐 아래로 가라앉기 때문에 해류가 잔해를 먼 곳까지 이동시키게 된다. 어느 정도의 수심까지 가라앉으면 선체는 수압 때문에 터져버린다. 무거운 물체는 곧장 해저로 떨어지지만, 비교적 가벼운 물체는 2킬로미터 정도까지 멀리 떨어진 해저에 내려앉게 된다. 따라서 선체의 침몰 위치에서 가까운 곳에 떨어진 무거운 잔해와 멀리 떨어진 가벼운 잔해는 일직선으로 배열된다. 이 이론을 근거로 발라드는 트레셔 호의 선체를 찾을 수 있었다.

다음 해 여름 해군은 스콜피언 호를 찾기 위한 경비를 지원했다. 불과 4일밖에 지나지 않았을 때, 발라드는 잔해들의 분포를 파악하여 침몰된 배의 선체를 찾아냈다. 덕분에 나머지 시간을 그곳에서 약간 서쪽에 위치한 타이타닉 호 선체를 찾는 데 투자할 수 있었다.

정부의 허가를 받은 후, 프랑스 조사단이 예전에 조사했던 범위에서 사전 음향영상조사를 했지만 아무것도 발견할 수 없었다. 발라드는 트레셔 호와 스콜피언 호를 찾을 때 사용했던 방법을 동원하기로 하고, 우선 타이타닉 선체보다는 잔해를 추적하는 데 전력을 기울였다. 아르고로 동쪽에서 서쪽 방향으로 마치 잔디를 깎듯이 차곡차곡 조사해 나갔다. 한 번 조사를 하고 나면 다시 북쪽으로 약간 이동하여 동쪽에서 서쪽으로 다시 조사를 했다. 조사를 할 수 있는 시간은 12일밖에 남아 있지 않았다. 낭비할 시간이 없었다.

하지만 아무런 성과도 없이 시간이 흘러갔다. 승무원들은 장비에 문제가 있다는 등의 푸념을 늘어놓았고 실망하는 기색이 역력했다.

그런데 1985년 9월 1일 한밤중, 모니터에 각진 강철판이 나타났고 금속 조각과 선체 파편이 보였다. 모니터 화면을 최초로 본 사람은 탐사와는 직접적으로 관련이 없는 주방장이었다. 그는 우연히 지나가다가 모니터를 보게 되었고, 자신이 본 것이 예사로운 것이 아님을 직감적으로 알아차렸다. 그는 급히 발라드를 깨웠다.

발라드가 모니터 앞에 도착했을 때, 화면은 타이타닉의 거대한 굴뚝을 보여 주고 있었다. 잠옷 위에 작업복을 껴입고 있었던 발라드는 이후 5일 동안 계속 그 차림새로 지내야 했다. 마침내 타이타닉을 찾은 것이었다.

탐사 팀은 기쁨의 환성을 터뜨렸지만, 곧 분위기는 숙연해졌다. 물속에 잠겨 있는 타이타닉이 안타까운 사고로 목숨을 잃은 1,522명을 떠올리게 했기 때문이었다. 하지만 곧 탐사 팀은 다시 재빠르게 움직였다. 그들은 남아 있는 시간 동안 최대한 많은 영상 자료와 사진을 확보했다.

언론은 타이타닉을 발견했다는 소식을 전 세계에 빠르게 전했다. 모두가 이 놀라운 소식에 경탄해 마지않았다. 그리고 타이타닉 호의 잔해에 대한 소유권 분쟁이 일어나기도 했고, 망자들의 무덤을 강도질한다는 비난의 화살이 날아오기도 했다.

1986년 6월 미국 해군과 〈내셔널 지오그래픽〉지가 경비를 지원하여 타이타닉에 대한 조사가 다시 진행되었다. 발라드는 이때 앨빈 호 밑에 제이슨을 부착하여 조사를 했다. 앨빈 호는 타이타닉 호 선체 위에 안착했고, 제이슨은 그 유명한 중앙계단을 비롯한 침몰선 내부를 자유롭게 돌아다닐 수 있었다.

발라드가 쓴《타이타닉 호의 발견》은 순식간에 베스트셀러에 올랐다. 어린이용으로 쓴《타이타닉을 찾아서》 역시 큰 호응을 얻었다.

다른 분야에 대한 관심

과학적이고 소중한 경험을 많이 했던 발라드는 어린이들이 해양학에 관심을 갖기를 원했다. 이를 위해 교실에 가상현실 장비를 가지고 가서 학생들이 직접 모니터를 통해 현장에서 일어나는 일을 보고 느끼게 하면 어린이들을 해양학의 세계로 인도할 수 있다고 생각했다.

발라드는 학생들이 제이슨 로봇을 이용하여 영상을 보는 일에 직접 참여하고 교육을 받는 JASON 프로젝트를 개발했다. 1989년 그는 JASON I 프로젝트를 통해 수십 군데의 박물관과 교실에서 250,000명의 학생들을 대상으로 실시간으로 바다 속 현장을 보여 주었다. 그리고 학생들을 이탈리아 시실리 섬의 북서쪽에 있는 마실리 해저 활화산 탐사에 데리고 가 광물질이 풍부한 물이 열수공에서 뿜어져 나오는 장면을 보여 주기도 했다. 그 후 제이슨은 지중해에 침몰된 1,700년 전의 로마 무역선 잔해를 탐사하

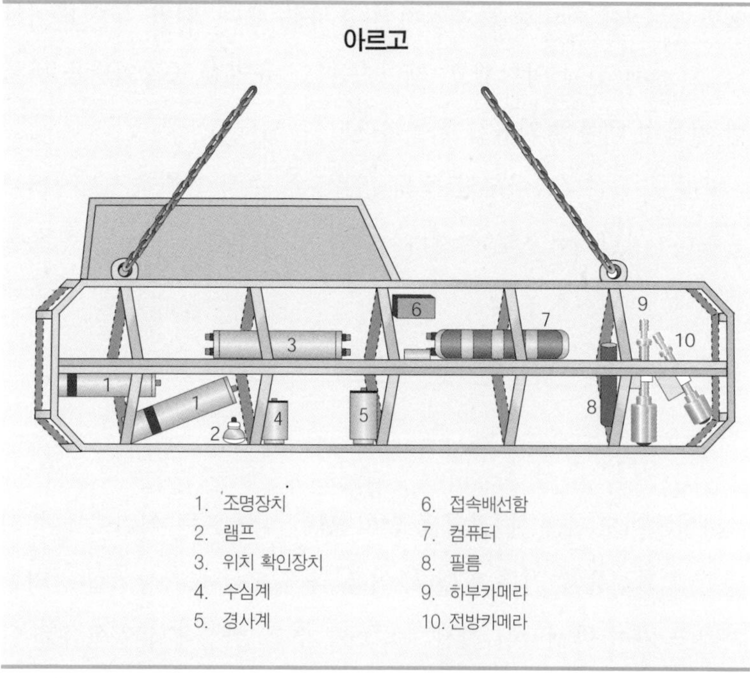

아르고Argo가 처음 만들어질 당시에는 배와 로프로 연결된 널빤지와 같이 단순한 형태에서 출발했다. 이후 점차 카메라가 달린 수중 썰매와 같은 형태로 발전하였으며, 지금은 탐사 과정에서 카메라에 찍힌 실시간 영상을 처리 장치로 보내는 역할을 한다.

여 포도주와 올리브 기름을 담아 운반했던 토기 항아리 사진을 찍었다. 프로젝트에 참가한 학생들은 마치 자신들이 실제 잠수정을 타고 바다 속을 탐사하는 듯한 경험을 했다. 이 프로젝트는 대단히 성공적이라는 평가를 받았다.

매년 제이슨 프로젝트는 과학자, 학생, 교사들을 인공위성과 인터넷 접속을 통한 시스템을 통해 실시간으로 진행되는 2주일 동안의 탐사에 참여시킨다. 1989년 이후 발라드는 열대우림, 습지,

혹등고래 서식지, 화산, 산호초, 열수공을 탐사해 오고 있다. 제이슨은 온타리오 호수, 하와이, 갈라파고스, 바하 캘리포니아, 아이슬란드와 같이 흥미로운 지역들을 탐사하면서 놀라운 경험을 사람들에게 전해 주고 있다. 각 프로젝트는 생물학, 화학, 지질학, 물리학, 해양학, 기후학, 역사학 그리고 고고학에 이르기까지 여러 가지 다양한 과학 분야를 묶어서 교육시킨다.

발라드의 동료들은 그가 더 이상 과학 탐사를 하지 않는다고 손가락질하기도 했다. 하지만 발라드는 신경 쓰지 않았다. 자신의 뒤를 이을 다음 세대가 JASON 프로젝트를 통해 자라나고 있기 때문이다. 그리고 그의 관심이 해양지질에서 해양역사와 고고학으로 옮겨 가 있었고 그 분야에서도 큰 기여를 하고 있었다.

1989년 6월, 발라드는 아르고를 사용하여 1941년에 침몰한, 히틀러가 가장 자랑스러워했던 전함 비스마르크 호를 찾았다. 발라드의 장남인 토드가 아버지를 도왔다. 하지만 불행하게도 그로부터 몇 주 후 토드는 교통사고로 세상을 떠나고 말았다. 아들의 죽음으로 우울한 나날을 보내던 발라드는 결국 슬픔을 극복하지 못하고 오랜 반려자였던 마조리와도 이혼을 하고 말았다.

상처가 치유되는 데에는 그리 오래 걸리지 않았다. 발라드는 1991년 1월 내셔널 지오그래픽 TV 프로그램의 책임자인 바바라 핸포드 얼과 재혼했다. 부부는 1994년 아들 윌리엄 벤자민 이마르를, 1997년 딸 에밀리 로즈를 얻었다.

부부는 함께 오디세이 주식회사를 차렸다. 그리고 발라드는

1942년 과달카날 전투 장소였으며 일명 '쇳조각이 깔린 해협'이라고 불리는 곳에서 탐사를 실시했다. 이 지역은 미국과 일본을 합쳐 총 24척의 전함이 침몰된 곳이었다. 발라드는 침목한 선박들의 위치를 알고 싶어 했다. 부부가 함께 1942년 아이슬란드 남쪽에서 어뢰에 의해 침몰한 민간선박 루스티아나 호의 잔해를 탐사하기도 했다. 또 다른 유명한 업적으로는 1998년 수심 5,000미터 아래에서 1942년 미드웨이 해전 중 일본군 어뢰에 의해 침몰한 항공모함 요크타운을 찾은 것이다.

1969년 지구물리학 연구원으로 우즈홀 해양연구소 생활을 시작했던 발라드는 1983년 응용해양물리학과 해양공학의 책임과학자를 거쳐 1997년 우즈홀 해양연구소를 떠났다. 코네티컷 주지사는 해양 생물 수족관을 확장하여 해양탐사연구소를 설립하면서 발라드를 소장으로 초청했다. 해양탐사연구소는 해양고고학 분야에 집중했고, 이 분야는 발라드가 가장 잘하는 심해 잠수기술과 일맥상통하는 면이 있었다. 그리고 2002년에 발라드는 로드아일랜드 대학의 해양학 대학원에서 수중고고학연구소 소장이 되었다.

1997년 이래, 발라드는 고대의 선박 잔해를 찾기 위해 흑해를 계속 탐사했다. 과학자들은 10,000년 전 흑해가 담수 호수였을 거라고 믿고 있다. 7,500년 전 기온이 갑자기 올라가면서 북반구를 뒤덮고 있던 거대한 빙하가 갑자기 녹았다. 어마어마한 홍수가 발생하여 에게 해를 덮쳤고 보스포루스 해협을 통해 흑해 쪽으로 넘쳐 들어갔다. 이것이 바로 창세기에 나오는 그 유명한 홍수 사건이라고 생각했다. 그러나 다른 학자들은 홍수는 여러 차례에 걸쳐 일어났으며, 그것도 7,500년 이전에 발생했다고 주장했다.

발라드는 흑해를 탐사하면서 바윗면이 매끈하게 깎여 있는 것은 해안선이 있었다는 증거라고 보았다. 실제로 그는 7,000년 전에 살았던 홍합의 화석을 발견하기도 했다. 이 지역을 발굴하기 위해 발라드는 원격탐사잠수정 헤라클레스를 개발했다. 헤라클레스에는 조명 장치, 카메라, 음향영상장치뿐만 아니라 이름에 어울리게끔 암석을 파낼 수 있는 강력한 기계팔과 인간의 팔처럼 부드럽게 움직이는 기계팔이 달려 있었다.

2003년 여름 헤라클레스와 함께 흑해로 돌아온 발라드는 헤라클레스의 기계팔이 해저 유물 발굴에 썩 유용하다는 사실을 보여주었다. 하지만 홍수가 급격하게 발생했다는 결정적인 증거는 결국 찾지 못했다. 인간의 거주지였을 것으로 추정되는 곳에서 나무조각을 찾아냈지만, 탄소연대측정을 한 결과, 그 나무 조각은 홍수가 발생한 이후 먼 곳에서 이곳으로 떠내려 온 것으로 밝혀졌다. 따라서 언제 주거지가 형성되었는지에 대한 증거는 될 수 없었다.

다양한 분야에 남긴 공헌

발라드는 해양학의 여러 분야에 지대한 공헌을 한 것을 인정받아 여러 기관들로부터 상을 받았다. 그중에 몇 가지만 예를 들면, 1981년 뉴콤 클리블랜드 상을 수상하였고, 1987년 올해의 발견자상을 수상하였으며, 1988년 내셔널 지오그래픽에서 수여하는 세기의 발견상을 수상하였고, 1990년 미국과학진흥협회상과 미국지질연구소상을 받았고, 1992년에는 미 해군이 수여한 덱스터업적상을 수여했으며, 1996년 하버드 메달을 목에 걸었고, 1997년에는 지구물리교육상을 받았다. 또한 발라드는 16개의 명예박사 학위를 받았으며, 수많은 과학논문, 신문과 잡지에 글을 실었다. 내셔널 지오그래픽은 여러 번에 걸쳐 TV 특집으로 그에 대해서 방송했다.

발라드가 연구한 메인 만의 대륙붕과 대서양의 해저산맥 암석 구성에 대한 연구는 판구조론을 발전시켰다. 사막에서 오아시스가 갑자기 나타나듯이, 황량한 심해의 바닥에서 기괴한 생물을 발견함으로써 앞으로 수십 년 동안 생물학자와 진화학자들이 연구할 거리를 만들어 주었다. 그는 심해저 탐사에 신명을 바쳤으나, 어떤 사람들은 비싼 장난감으로 침몰선이나 찾고 다닌다고 비난하기도 했다. 그러나 발라드는 해양은 가장 좋은 박물관이라고 생각했다. 발라드는 자신이 발견한 침몰선을 기가 막히게 멋진 설명과 함께 실시간으로 보여 줌으로써 전 세계 사람들에게 자신의 경험을 나누어 주었다. 발라드는 1970년대 해양지질학 연구로부터, 최근의 해양고고학과 해양역사 분야의 발견까지, 자신이 재미를 느끼고 호기심을 느끼는 분야에 심혈을 기울여 노력했다. 발라드는 무슨 분야에서라도 열심히 노력하면, 노력에 대한 결실을 맺게 된다는 사실을 우리에게 보여 주었다.

침몰될 수 없는 선박

1912년 4월 10일, 세계 최대의 왕립 우편 선박 타이타닉 호는 잉글랜드 사우스햄턴 항에서 뉴욕을 향해 처녀항해를 시작했다. 항해 5일째, 스미스 선장은 항해 지역에 빙하가 있다는 경고를 몇 차례 받았지만, 그날 밤 날씨가 좋았으므로 배의 속도를 그대로 유지했다. 하지만 자정이 되기 조금 전, 관측당번이 400미터 전방에 유빙이 있다고 고함을 질렀다. 즉시 타이타닉 호는 방향을 선회했지만 이미 너무 늦은 뒤였다. 결국 거대한 유빙의 옆구리를 부딪치고 말았다. 타이타닉의 무게는 46,000톤이었고 빠른 속도로 이동하고 있었기 때문에 승객들은 전혀 충격을 느끼지 못했다. 오히려 승객들은 갑판에 떨어진 얼음 조각을 가지고 장난을 치기까지 했다. 하지만 몇 시간 뒤인 새벽 2시 20분 뉴펀들랜드 동남쪽 해상에서 타이타닉은 바다 속으로 가라앉기 시작했다.

심각한 상황이라는 사실을 뒤늦게 깨달은 승객들은 구명정에 올라타려는 필사의 경쟁을 벌였다. 혼란이 가중되었고 아비규환이 따로 없었다. 결국 1,522명의 승객과 승무원이 사망했다. 배에 타고 있던 사람의 절반인 1,178명이 탈 수 있는 구명정이 충분히 갖추어져 있었음에도 불구하고 711명만이 구명정에 옮겨 타 목숨을 건졌다. 바다를 떠다니던 그들은 근처를 지나가던 카파티아 호에 의해 구조되었다.

당시에는 무선 통신사가 24시간 근무해야 한다는 강제 규정이 없었다. 카파티아 호보다 타이타틱 호에 더욱 가까이 있었던 캘리포니아 호의 통신사는 조난 구조 신호를 받기 불과 몇 분 전에 휴식을 취하느라 자리를 떠나 있었기 때문에 타이타닉 호의 조난 신호를 받지 못했다. 캘리포니아 호가 조금만 더 빨리 움직였더라도 피해를 크게 줄일 수 있었을 것이다.

연 대 기

1942	캔자스 주 위치타에서 6월 30일 태어남
1959	스크립스 해양연구소의 견습생으로 처음 해양 조사에 참가
1960	캘리포니아의 다우니 고등학교 졸업
1965	캘리포니아 대학 산타바바라 분교에서 지질학과 화학으로 학사 학위를 받고 호놀룰루의 하와이 대학 대학원에서 석사 과정을 시작
1966	북아메리카 항공회사에서 유인잠수정 개발 사업에 참여. 남가주 대학으로 대학원을 옮김
1967	우즈홀 해양연구소 해군 담당 연락 책임자로 일함
1969	해군에서 제대하고 우즈홀 해양연구소에서 일하기 시작하여 최종적으로 책임과학자가 됨
1971~72	메인 만의 지질학 특징 형성에 관하여 연구
1973	FAMOUS 계획에서 대서양 중앙해저산맥으로 최초 잠수
1974	로드아일랜드 대학교의 해양학 대학원에서 박사 학위 받고 우즈홀 해양연구소의 지질지구물리학과의 보조 연구원을 지냄
1975	〈내셔널 지오그래픽〉지에 〈열개지로 잠수〉를 기고
1977	갈라파고스 열곡 주위에서 열수공을 발견하고 주변에 사는 이상한 생물체들을 채집

1979	동태평양 대륙대에서 연기열수공을 발견
1984	아르고를 이용하여 침몰한 핵잠수함 트레셔 호를 발견
1985	아르고를 이용하여 핵잠수함 스콜피언 호를 찾고, 타이타닉 호 탐사 작업에 성공
1986	무인잠수기 제이슨으로 타이타닉 호를 탐사
1987	《타이타닉 호의 발견》를 출간, 베스트셀러가 됨
1989	JASON 프로젝트를 통해 마실리 해저산과 세르키 사주를 관찰하는 동영상을 학생들에게 실시간으로 보여주고 독일 침몰선 비스마르크 호를 찾는 데 성공
1992	과달카날 해역에서 2차 대전 중 침몰한 전함 11척의 위치를 찾는 데 성공
1995	자서전《탐험: 해저의 모험과 발견》을 출간
1997	우즈홀 해양연구소의 응용해양물리-공학과에서 책임 연구원직을 사퇴하고 해양탐사연구소의 소장을 맡음
1998	미국 항공모함 요크타운 호를 찾는 데 성공
2000	〈내셔널 지오그래픽〉지의 객원 탐험가가 됨
2002	로드아일랜드 대학 해양학 대학원에서 해양고고학연구소 소장으로 발령
2003	헤라클레스 로봇을 이용하여 흑해의 해저를 탐사

우주비행선을 타고 지구 밖을 여행하게 된다면, 우리의 시선이 제일 먼저 닿는 것은 무엇일까요? 그것은 바로 푸르고 아름다운 지구일 겁니다. 지구가 이토록 아름다운 건 바다가 있기 때문입니다. 바다는 지구에 살고 있는 모든 생명을 잉태하고 오늘날 지금의 모습이 되도록 만들어 준 어머니의 자궁 같은 곳입니다. 때문에 바다가 없는 지구는 상상조차 할 수가 없습니다.

바다에서 멀리 떨어진 도심의 아파트에 사는 사람들은 바다의 고마움을 피부로 직접 느낄 기회가 많지 않습니다. 하지만 아세요? 우리는 단 하루도 바다 없이는 살 수가 없다는 것을. 멀리 갈 것도 없이 부엌에서부터 시작해 보죠. 우리가 끼니때마다 먹는 음식은 바다에서 나온 소금으로 간을 맞추고 우리가 즐겨먹는 아이스크림은 대형 해조류에서 뽑은 알긴산이라는 물질을 넣어야 부드러운 맛이 납니다. 물론 화장품과 다이어트 식품의 주원료가 되기도 합니다.

이제 조금 눈을 크게 떠 봅시다. 우리나라가 부강해지기 위해서는 수출을 해야 합니다. 우리나라에서 만든 휴대폰이나 자동차는 배에 실려 미국, 유럽과 남미로 수출됩니다. 그런데 바다가 없어 배를 이용할 수 없다면, 수출을 할 때 자동차나 기차를 이용해야겠지요? 그런데 외국까지 뻗는 기차선로나 고속도로를 만들기 위해서는 엄청난 비용이 들 것입니다. 최근에는 더 많은 짐을 더 빨리 운반하기 위해서 날아다니는 배위그선를 개발하고 있습니다.

최근 지구의 온도가 올라가고 있다고 합니다. 이에 따라 바다의 수온도 조금씩 올라가고 있습니다. 때문에 예전에는 보지 못했던 대형 해파리가 늘어나고, 열대지방에서 살던 대형 가오리가 심심치 않게 우리나라 근해에서 잡힙니다. 지구의 온도가 올라감에 따라 얼음의 땅 시베리아가 옥토로 바뀌는 대신 중국은 사막으로 변할지도 모릅니다. 뿐만 아니라 극지방의 빙하가 녹으면 수심이 100미터 이상 높아져 태평양에 있는 작은 섬나라는 존재도 없어지고, 뉴욕이나 도쿄 같은 세계적인 도시 역시 모두 물속에 잠기고 말 것입니다. 바다의 수온이 1도만 올라가도 지구는 이렇게 심한 몸살을 앓습니다.

바다는 파도를 한 번 철썩일 때마다 엄청난 에너지를 쏟아냅니다. 바닷가에서 부는 강한 바람은 풍력 에너지를 만들어냅니다. 이러한 힘을 잘 이용하면 에너지를 생산하기 위해 석유를 수입하는 데 드는 비용을 크게 줄일 수 있습니다. 지구 표면의 4분의 3을 차지하는 해양은 전혀 오염을 발생시키지 않는 청정에너지를 공급하는 자연 발전소가 될 것입니다.

여러분은 태평양 심해 밑바닥에 엄청난 양의 망간 덩어리가 지천으로 깔려 있다는 사실을 알고 있나요? 최근에는 메탄수화물이라고 하는 새로운 연료가 심해에 엄청나게 많이 묻혀 있다는 사실이 밝혀졌습니다. 이러한 연료는 우리나라 근해에도 있을 것입니다. 이런 심해 광물자원을 채굴하기 위해 심해잠수정과 로봇이 개발되었습니다.

이러한 자원 외에 현재 이미 사용되고 있는 자원도 있습니다. 우리나라 동해의 수심 200미터 이하에는 매우 깨끗하고 오래된 심층수가 있습니다. 이를 퍼내어 식용으로 쓰기도 하고 화장수로 사용하기도 합니다. 최근에 심층수를 전문적으로 개발하는 회사가 설립되기도 했습니다.

바다는 인류의 미래이자 유일하게 남은 희망입니다. 이 책은 보물 창고와 같은 바다를 개발하고 연구하는 데 선구자 역할을 한 사람들을 소개하고 있습니다. 그들이 겪었던 고난과 무모할 정도의 집념, 그리고 불굴의 의지로 이루어낸 성공이 이 책 속에 모두 담겨 있습니다. 다소 어려울 것 같은 과학 지식은 그림으로 풀어서 설명하여 이해를 돕고 있습니다. 이 책을 우리말로 옮기는 동안 선구적인 과학자들이 겪었던 고난과 모험을 함께했으며, 위대한 발견을 한 순간에는 저도 모르게 손에 땀을 쥐고는 했습니다. 해양학을 30년 넘게 공부한 저도 흥미롭고 새로운 사실을 많이 알게 되었을 정도로 유익한 내용이 풍부하게 담겨 있습니다. 제가 겪었던 풍부하고 멋진 경험을 독자 여러분과 함께 나누게 된 것을 큰 기쁨으로 생각합니다.